生死學叢書——傅偉勳 主編

死亡的科學

——生物壽命如何決定

品川嘉也・松田裕之 著／長安靜美 譯

東大圖書公司

國家圖書館出版品預行編目資料

死亡的科學：生物壽命如何決定／品川嘉也，松田裕之著；長安靜美譯. -- 初版. -- 臺北市：東大發行：三民總經銷，民86

面；　公分. --(生死學叢書)

ISBN 957-19-2081-9 (平裝)

1. 死亡

397.18　　86001459

國際網路位址 http://Sanmin.com.tw

© 死亡的科學——生物壽命如何決定

著作人　品川嘉也　松田裕之

譯者　長安靜美

發行人　劉仲文

著作財產權人　東大圖書股份有限公司
臺北市復興北路三八六號

發行所　東大圖書股份有限公司
地址／臺北市復興北路三八六號
電話／五〇〇六六〇〇
郵撥／〇一〇七一七五──〇號

印刷所　東大圖書股份有限公司

總經銷　三民書局股份有限公司

門市部　復北店／臺北市復興北路三八六號
重南店／臺北市重慶南路一段六十一號

初版　中華民國八十六年三月

編號　E 36008

基本定價　叁元貳角

行政院新聞局登記證局版臺業字第〇一九七號

ISBN 957-19-2081-9 (平裝)

「生死學叢書」總序

兩年多前我根據剛患淋巴腺癌而險過生死大關的親身體驗，以及在敝校（美國費城州立天普大學宗教學系所講授死亡教育(death education)課程的十年教學經驗，出版了《死亡的尊嚴與生命的尊嚴——從臨終精神醫學到現代生死學》一書，經由老友楊國樞教授等名流學者的強力推介，與臺北各大報章雜誌的大事報導，無形中成為推動我國死亡學(thanatology)或生死學(life-and-death studies)探索暨死亡教育運動的催化「經典之作」（引報章語），榮獲《聯合報》「讀書人」該年度非文學類最佳書獎，而我自己也獲得「死亡學大師」（《中國時報》）、「生死學大師」（《金石堂月報》）之類的奇妙頭銜，令我受寵若驚。

拙著所引起的讀者興趣與社會關注，似乎象徵著，我國已從高度的經濟發展與物質生活的片面提高，轉進開創（超世俗的）精神文化的準備階段，而國人似乎也開始悟覺到，涉及死亡問題或生死問題的高度精神性甚至宗教性探索的重大生命意義。這未嘗不是令人感到可喜可賀的社會文化嶄新趨勢。

配合此一趨勢，由具有基督教背景的馬偕醫院以及安寧照顧基金會所帶頭的安寧照顧運動，有了較有規模的進一步發展，而具有佛教背景的慈濟醫院與國泰醫院也隨後開始鼓動臨終關懷的重視關注。我自己也前後應邀，在馬偕醫院、雙蓮教會、慈濟醫院、國泰集團籌備的臨終關懷基金會第一屆募款大會、臺大醫學院、成功大學醫學院等處，環繞著醫療體制暨醫學教育改革課題，作了多次專題主講，特別強調於此世紀之交，轉化救治(cure)本位的傳統醫療觀為關懷照顧(care)本位的新時代醫療觀的迫切性。

在高等學府方面，國樞兄與余德慧教授（《張老師月刊》總編輯）也在臺大響應我對生死學探索與死亡教育的提倡，首度合開一門生死學課程。據報紙所載，選課學生極其踴躍，居然爆滿，出乎我們意料之外，與我五年前在成大文學院講堂專講死亡問題時，十分鐘內三分之一左右的聽眾中途離席的情景相比，令我感受良深。臺大生死學開課成功的盛況，也觸發了成功大學等校開設此一課程的機緣，相信在不久的將來，會與宗教（學）教育、通識教育等等，共同形成在人文社會科學課程與研究不可或缺的熱門學科。

我個人的生死學探索已跳過上述拙著較有個體死亡學(individual thanatology)偏重意味的初步階段，進入了「生死學三部曲」的思維高階段。根據我的新近著想，廣義的生死學應該包括以下三項。第一項是面對人類共同命運的死之挑戰，表現愛之關懷的（我在此刻所要強調的)「共命死亡學」(destiny-shared thanatology),探索內容極為廣泛,至少包括(涉及自殺、死刑、安樂死等等)死亡問題的法律學、倫理學探討,醫療倫理(學)、醫院體制暨醫學教育改革課題探討,(具有我國本土特色的)臨終精神醫學暨精神治療發展課題之研究,老齡化社會的福利政策及公益事業,死者遺囑的心理調節與精神安慰,「死亡美學」、「死亡文學」以及「死亡藝術」的領域開拓,(涉及腦死、植物人狀態的)「死亡」定義探討,有關死亡現象與觀念以及(有關墓葬等)死亡風俗的文化人類學、比較民俗學、比較神話學、比較宗教學、比較哲學、社會學等種種探索進路,不勝枚舉。

第二項是環繞著死後生命或死後世界奧祕探索的種種進路,至少包括神話學、宗教(學)、文學藝術、(超)心理學、科學宇宙觀、民間宗教(學)、文化人類學、比較文化學,以及哲學考察等等的進路。此類不同進路當可構成具有新世紀科際整合意味的探索理路。近二十年來愈行愈盛的歐美「新時代」(New Age)宗教運動、日本新(興)宗教運動,乃至臺灣當前的種種民間宗教活動盛況等等,都顯示著,隨著世俗界生活水準的提高改善,人類對於死後生命或死後世界(不論有否)的好奇與探索興趣有增無減,我們在下一世紀或許能夠獲致較有「突破性」的探索成果出來。

第三項是以「愛」的表現貫穿「生」與「死」的生死學探索,即從「死亡學」(狹義的生死學）轉到「生命學」，面對死的挑戰，重新肯定每一單獨實存的生命尊嚴與價值意義，而以「愛」的教育幫助每一單獨實存建立健全有益的生死觀與生死智慧。為此，現代人的生死學探索應該包括古今中外的典範人物有關生死學與生死智慧的言行研究，具有生死學深度的文學藝術作品研究，「生死美學」、「生死文學」、「生死哲學」等等的領域開拓，對於「後傳統」(post-traditional)的「宗教」本質與意義的深層探討等等。我認為，通過此類生死學的種種探索，我們應可建立適應我國本土的新世紀「心性體認本位」生死觀與生死智慧出來，有待我們大家共同探索，彼此分享。

依照上面所列三大項現代生死學的探索，這套叢書將以引介歐美日等先進國家有關死亡學或生死學的有益書籍為主，亦可收入本國學者較有份量的有關著作。本來已有兩三家出版商請我籌劃生死學叢書，但我再三考慮之後，主動向東大圖書公司董事長劉振強先生提出我的企劃。振強兄是多年來的出版界好友，深信我的叢書企劃有益於我國精神文化的創新發展，就立即很慷慨地點頭同意，對此我衷心表示敬意。

我已決定正式加入行將開辦的佛光大學人文社會科學學院教授陣容。籌備校長龔鵬程教授屢次促我企劃，可以算是世界第一所的生死學研究所(Institute of Life-and-Death Studies)之設立。希望生死學研究所及其有關的未來學術書刊出版，與我主編的此套生死學叢書兩相配合，推動我國此岸本土以及海峽彼岸開創新世紀生死學的探索理路出來。

一九九五年九月二十四日傅偉勳序於
中央研究院文哲所（研究講座訪問期間）

「生死學叢書」出版說明

本叢書由傅偉勳教授於民國八十四年九月為本公司策劃，旨在譯介歐美日等國有關生死學的重要著作，以為國內研究之參考。傅教授從百餘種相關著作中，精挑二十餘種，內容涵蓋生死學各個層面，期望能提供最完整的生死學研究之參考。傅教授一生熱心學術，對推動國內的生死學研究風氣，更是不遺餘力，貢獻良多。不幸他竟於民國八十五年十月十五日遽爾謝世，未能親見本叢書之全部完成。茲值本書出版之際，謹在此表達我們對他無限的景仰與懷念。

東大圖書公司編輯部　謹啟

前言

伴隨著高齡化社會的到來，「死亡」成為極為切身的一個問題，並受到一般民眾的關注。而所謂「瀕死經驗」之所以蔚為一股風潮，也正說明大眾對這種現象的關心。只是電視或報紙等媒體所採取的報導角度，大多偏向不可知、神祕性來談，距離科學領域甚遠。雖然關於「瀕死經驗」，已經有不少透過科學尋求到解答的案例，唯獨到目前為止，仍沒有發表此類研究成果的學會或學術刊物。

「死亡」在臨床醫學是個極大的課題，但一直以來卻都缺乏基礎科學或基礎醫學作為其依據。因此，「死亡學」便遲遲無法系統化，而完全淪為臨床醫學的體驗。這也就是世界無論哪所大學都沒有設立講述「死亡學」的課程，也沒有探討「死亡學」學會的主要原因。

筆者說服松田先生，針對人類的死亡展開大規模的共同研究。（雖說如此，但大部份都是松田先生居功厥偉）經過我們努力的結果，日本醫科大學的醫學概論課程開始討論到這個問題，也就是由講授「醫學概論」之一的伊藤博信教授，在課堂上講解「個體概念」及「個體死亡」。

然而，依舊沒有發表研究成果的地方，因此，我們決定以單行本的形式讓我們的研究問世，而其成果便是本書之付梓。

原本，在心臟停止跳動的二、三天前，大多數病患都會經歷所謂的「瀕死經驗」。因意識清晰不覺是幻覺，因此病患都認為那是自己的印象。諸如從迷濛的霧中射出光芒，出現花園，並見到死去的親人現身在彼岸。這大概就是對奈何橋的印象。有時，伴隨著光芒，還會有出現阿彌陀佛或如來佛而非女神的情形。

然而，會覺得眼前霧濛濛一片看不清楚，是視力不明所致，為此，病患會因遭遇陷入黑暗感到不可思議，從而舉起手在眼前晃動。這種情形稱之為「手鏡」（てかがみ），代表病患接近「死亡」不遠，是為醫療從業人員所熟知的一種情況。比如說：哥德便曾在瀕死的地上大叫：「再多給我一點光……！」就是這種情形。

據說在印度和美國，都發生過同樣的瀕死經驗。為此，傳播媒體便認定瀕死經驗是超越文化，屬於人類共通的經驗，而引起莫大的騷動。然而，筆者卻從沒聽說過有哪個美國人見過奈何橋。由此可推斷，瀕死經驗中之所見，或多或少都仍受到固有文化的影響。

筆者們將此書書名定為「死亡的科學」，然而，絕非在此主張所有的事都必須透過科學來尋求解答。或者也可以說，宗教、藝術正為此而存在。但若將科學所無法解答的現象都視為是超越自然的，那麼這個世界上的「超」能力豈不就要泛濫？因為就連明天的天氣，都還無法用現代科學去解明。

話說回來，「瀕死經驗」到底是什麼？這是在面臨死亡的時候，因左腦活性降低，右腦相對活性化，從而在透過左右腦相互呼應所產生的一種無與倫比的體驗。右腦的印象會非常鮮活，對於非現實會產生認同而達到幸福的頂端。這種經驗跟宗教的體驗也非常相近。所謂一輩子只要合十虔心唸「南無阿彌陀佛」便能極樂往生，便是指這種經驗。透過這種經驗，對死亡的恐懼也將一掃而空，從而處於安心的境界。

往後，「死亡科學」將益形重要。本書若能為死亡科學在科學領域立足盡棉薄之力，將是莫大的榮幸。

值筆者二人將研究成果以此書的形式發表付梓之際，曾多方蒙各界就研究內容惠予寶貴意見。筆者二人共同恩師之寺本英教授（京都大學名譽教授）便以身教傳授其問學之態度。

日本醫科大學的大塚敏文教授及救命急救中心的醫師們也在腦死生理學的共同研究上擔負了許多重要事項。另外，承蒙腦死研究會（急救醫學會）惠予在品川特別演講的機會，而獲得對本書內容有極大助益的討論。本書盡量將引文減到最少，為此，對於不及列名的各位先生女士，除表深切之歉意外，並致誠摯之謝意。

品川嘉也

一九九一年十一月

序——存在於人類意表之外的

愈來愈無法洞見死生境界的現代人

人類從出生之後，便無時無刻與死亡形影相隨，這是不容置疑的事實。然而，大部份的人卻還是抱著「不想死」的念頭。雖然有些人嘴上會掛著「不想活了」之類的話，但仔細聽聽，這些人其實也並不是真的那麼想死。畢竟「生不如死」好像也不是那麼常有的事。

仔細想想，「死亡」似乎很討人厭。雖然曾經有一陣子「死亡」被推崇為甘美、神聖的表徵而成為詩人憧憬的對象，但是近幾年來，似乎沒那麼吃得開了。

這是因為近代科學，尤其是近代醫學的進步所造成的。「死亡」已經漸漸被我們從身邊驅逐開，以前無法治癒的傷病，到現在也大部份都可以治得好。這從人類大多在醫院壽終正寢的狀況可見一斑。

對於平常生疏的東西，我們不可能覺得親切。「死亡」遠遠的被隔離在人類的世界之外，久而久之，便為人們的意識所遺忘。生與死本來就不應該是各自存在的，但是慢慢的「生」卻變得跟「死」彷彿毫不相干。

當我們接近鴿子或貓的時候，牠們便會開始注意我們，只要我們一有什麼小動作，牠們就會跑掉。這是因為牠們經常留意身邊的殺氣所形成的生存習慣。幾乎所有的生物，無時無刻都跟死亡比肩而行。

然而，現代的日本人卻有淡忘這個嚴肅事實的傾向。比如說年輕的戀人也許會花心思去揣測對方的心境，但卻鮮少有人會去憂心愛人是否會遭遇到什麼不測。

但死亡並不會就此由我們的生活中消失，事實甚至完全相反。醫療技術進步的結果，使得生與死的界限，變得前所未有的曖昧模糊。人類降生到這個世間，經歷各式各樣的人生，進而死去。在這樣的過程中，各種不同的時候便衍生出不知該如何是好的問題。

下面試舉幾個例子。

人工授精、代理子宮、無性繁殖、精子銀行、試管嬰兒、人工中絕、安樂死、臟器移植、冷凍銀行、腦死、癌症告知、末期醫療等問題皆屬之。

這些問題，從技術性到倫理、宗教、人類的價值觀等，從各種不同的範疇中，拋擲出各種令人類社會苦惱的課題。

對生與死最自然的疑問

諸如此類，有這麼多問題，我們該如何是好？對於這個極為原始的問題，過去人類所累積的智慧，也很難一下子便找到解答。

本書嘗試尋求解答，而由生物學的角度，去探討生死所環繞的問題，企盼能提供一些解決問題的線索。

· 所有的生物，包括人類，為什麼都非得面臨死亡？
· 為什麼人類會恐懼死亡？或者貓狗亦會懼怕死亡？
· 長壽的人是不是比短命的人優秀？
· 腦死是不是真的就意味「死亡」？

下面我們就再深入探討這些原始的疑問。在這裏我們所要討論的主題，跟生物學並沒有很直接的關係，而是類似於「生存之道」及「死亡之道」。也許，這將有些離題。

在我們視「死亡」為生物學的範疇的時候，常常會出現「哲學」意識的問題橫加阻礙，希望讀者多能瞭解。下面，就簡單展開深入的說明。

美國身兼攝影師及新聞記者的蘇珊・森達(Susan Sontag)，在其著作《隱喻之病》（富山太佳夫譯，三鈴(MISUZU)書房出版）裏如是說：「對癌症病患隱瞞病情，及癌症病患自己扯謊之間，正反映出高度產業社會是多麼地難以接受死亡。（中略）沒有人會對心臟病患隱瞞其病情，而心臟病發作也毫無可恥之處。但之所以對癌症患者一般都會有所保留，並不是因為告知當事人罹患癌症等於對患者宣判了死刑，而是癌症總有些討厭，讓人感覺到不吉利、嫌惡，而有作嘔的情緒反應。」

也就是說，較之腦溢血或肺炎等其他疾病，人們事實上帶著有色眼光看待癌症，而使癌症受到差別待遇。除此之外，在用於譬喻的時候，癌症又被當作是無可救藥、極惡劣的代名詞，諸如「這人真是組織裏的癌細胞」之類。

不知是不是這個因素使然，當我們看報紙的死亡報導時，幾乎很難見到報上直截了當地寫明某人死於「癌症」。另外，癌症病患的家屬之所以會被癌症擊垮，也並不全然是因為瞭解癌症治癒的希望渺茫。最主要的原因是病患家屬深知這種疾病在社會上所受到的差別待遇，所以會因此感到挫敗。在死因調查報告上記載為「惡性腫瘤」的癌症，不僅自早便高居日本死亡率第一，到目前為止，都還被視為是禁忌。

不管是死於心肌梗塞，或是死於癌症，「死亡」應無善惡貴賤之別。就生物學的觀點而言，死亡是沒有等級或差別的。但是前述的事實擺在眼前，這真是令筆者百思不解。

同樣的，八十歲辭世跟六十歲往生其實並無二致，不會因活得較久就比較優秀。甚至，若就本書的論點來看，毫無意義的長壽或夭折，就生物學上死亡個體的角度來看，基本上都是一種「損失」。想想有人會汲汲營營去追求長生，哪怕多活一天都好，卻也有人在十五歲的時候便草草為生命畫上句點。人類真是莫名其妙的生物。

生物學無法為這些問題一一解答。但至少能說明「人類身為生物的極限」。而這一點，也是本書撰寫的第一目的。

死的自然淘汰說

在回答上述的疑問之際，有幾個可作為依據的理論。那就是被稱為生物進化的自然淘汰說。換言之，本書的主旨就是對照自然淘汰說，去找尋可能解釋生物死亡現象之答案。

唯獨在這裏有一點必需要注意。那就是對「自然淘汰說」，目前存有許多的錯誤觀念。因此在此必須先導正這些觀念，才能夠進一步的深入探索。

本書並非「正確的自然淘汰觀」入門書。有關自然淘汰的正確說法，希望讀者還是參閱專門論及這方面知識的書籍。在這裏，我們只確認最下限的一個重點：

「生物即使在同種中，都會因個體的不同而有形狀或性質上的異質性。也就是說生物個體各自具有不同設計圖或生活方式的遺傳基因。因為遺傳基因的不同，便產生了繁殖（在此稱為適應度）的差異。具有高度適應遺傳基因的個體，其繁衍後代子孫的或然率也會較高。」

比如說我們在蒼蠅異常繁殖的「夢島」（地名）噴灑殺蟲劑。這時，即使是同種的蒼蠅，都會因個體的異質性，在噴灑殺蟲劑之後，產生截然不同的生存情況。從對殺蟲劑的抵抗力，可知蒼蠅在繁殖時遺傳影響的程度。結果顯示，抗殺蟲劑能力較強的蒼蠅會繁殖較多的後代，而抗殺蟲劑能力較弱的蒼蠅則會完全滅絕無遺。結果是蒼蠅面對噴灑了殺蟲劑的新環境，剛開始可能會接二連三的死去，但是不消幾年，蒼蠅便會進化成抗藥性很強的新品種。

這種現象，便稱之為「自然淘汰」。在這裏，為求謹慎，要特別重申「個體的多樣性」及「繁殖難易度」這兩個關鍵字。關於這一點，容後詳述，但首先必須謹記的是「不同的個體在某種環境條件下，具有何種程度的繁殖難易型態基因及生活方式基因」，這才是問題的重點。

那麼，這跟「死亡」又有什麼樣的關係？下面就要說明這一點。這也是本書在下面所要闡明的要點。

死亡也會進化

從最原始的疑問出發，依循「自然淘汰說」進行的解題動作，到底會得到什麼樣的答案？這是本書在這之後所要討論的主要內容，但在這裏，先行稍作整理。亦即本書開門見山先提出結論，為此可以避免主題在紛歧的論述中模糊不清，並可讓讀者更輕易了解脈絡。

一、生物依其種類之不同，配合不同的情況而進化出不一樣的「死亡之道」。吾人今日所見之人類的死亡情形，也是得自於進化的結果。

二、進化的結果，悉數說明於DNA（遺傳因子）之中。包含人類在內的所有生物，都依其DNA之不同而發展出不同的生存方式及死亡狀況。

三、在這個部份寫明了容易繁殖的生存過程，也就是從成熟的時機寫到老化的時期，眾多的個體依此程式而成形，從而迎接死亡。幾乎所有的生物，每天都生活在種種的危機之中，而也因為這些危機，生物生存的程式在很多時候便會中斷。

四、生物生存的程式並不將無力繁殖的年齡，亦即更年期列入考慮。大多數的生物會在更年期到來之前便結束生命。

五、唯獨人類在過了更年期之後，仍能持續幾十年的生命。因此，更年期之後的生命，便面臨了無生存程式可依據的瓶頸。

六、高齡化社會的瓶頸，事實上就在這裏。人類伴隨著老年的到來，無可避免的必需面對規範生物生存程式的DNA見棄的事實。但換個角度想想，高齡化的人及社會，未必就不是從DNA的生物規範中獲得解放自由。

透過「死亡」理解人類

然而就算說明上面幾個重點，對我們的人生又具有什麼樣的意義？亦即就算是用進化學說解釋了死亡的意義，卻依然無法消彌人類對死亡的恐懼及空虛。

另外，這些重點也不構成對人類的生存問題、或是如何追求生命成就的解答。因為生物學所能解釋的，原本就非常有限。

唯有下列兩點，也許會有所幫助：

一、人類再怎麼依憑主觀判斷去選擇各自的人生，畢竟無法自先天安排好的遺傳基因中跳脫出來。不管怎麼努力，至少「生」與「死」是無從避免的。雖然透過主體的意志，也許可以阻止外觀的老化。

這種想法，若就我們平常的思考模式來看，可能非常難以接受。畢竟，人類是「思考的蘆葦」，是巨大的腦所生出的意志力主宰行動完成意志的動物。

但是只要我們坦率的去傾聽並觀察 DNA 為我們準備的生與死，相信便能避免無謂的舉動，同時並能換種輕鬆的人生態度，活出更優雅的生命。至少，不會再受「多活一天就佔便宜」這種低俗的欲望所牽制。

二、本書的結論之一，是思考高齡化社會的可能性。原本高齡化社會就是人類克服天敵的威脅，就其一生選擇比較安全的集團生活，從而開發預防及治療病原菌及寄生蟲的方法、避開飢餓的不安及戰爭的危險之下所發展出來的社會型態。亦即這是人類克服一般生物無法克服的宿命，避開死亡危機的結果。

也許有人會認為高齡化社會未必是個好現象。但人類的聰明睿智也有解決得了跟解決不了的事情。若認定人類可以克服死亡，則高齡社會並不好。而意圖恢復原來年齡結構的想法，也非深刻思考高齡化社會到來的背景後所得到的結論。

死，無可避免。但是我們的壽命，在經過更年期之後都仍將持續。這是生命誕生以來，其他生物所沒有的經驗。本書即將帶領讀者正視生命的這一面。只要知道人類的壽命極限、如何異於其他生物，相信便可在思考人類較之其他生物還長的生命時，有所參考，從而發展出各人不同的生存方式。

序就此擱筆，下面就直接進入本文。

死亡的科學　目次

2 死亡的科學

第三章　人類的死亡到底是什麼樣的現象（死的醫學、生理學）

第四章　自DNA解放的老人（死的人口論）

第五章　文化之死、生物之死（社會生物批判學）

後記

第一章

生物如何死亡？

死的生態學

●死亡是伴隨著繁衍子孫的努力結果而來的

凡為生物必經死亡。這對所有動植物、菌類、原生物來說都是無可避免的事實。沒有人能倖免一死。

我相信有許多人都在科學性節目或是自然科學的啟蒙電影中看過鮭魚產卵的畫面。（這類畫面，在無法經由實際攝影捕捉到最好的鏡頭時，多少會採取一些「障眼法」，但卻未必都是虛構。）

鮭魚終其一生只產一次卵。在河底的砂石間掘出一條小溝，將卵產於其上的母鮭魚，和在魚卵上射精的雄鮭魚，展現了過人的精力。但在完成繁殖的使命後，幾乎所有的鮭魚都鞠躬盡瘁的沈屍河底。

看在我們眼裏，鮭魚似乎可以不必就此死去，因為就算是耗費太多精力，鮭魚看起來還是可以覓食，並且作好下一次產卵的準備。然而，大多數的鮭魚卻就此結束生命。就算是僥倖殘存下來的鮭魚，也都只能撐到下游便不支死去。

何以鮭魚們會如此不約而同的死亡？直接的回答，通常在接下來的影片或電影中便有所揭示：受精的小鮭魚卵，在第二年春天會在河底孵化成小鮭魚。而這些小鮭魚，每一隻都從母鮭魚那裏得到一組完整的遺傳基因。

結論就是，為了將DNA留給後代，鮭魚們不惜付出耗損生命的努力，而得到的結果，便是鮭魚不約而同的大量死亡。這就是鮭魚何以非死不可的答案。

但是，還是有疑問待解。諸如，若只是為了繁殖後代，為什麼不先活個五年十年再反覆產卵，畢竟這樣比較符合經濟效益！的確，有很多魚類是用這種方式繁殖的。然而鮭魚卻「選擇」了一生只產一次卵的生命型態。這是因為對鮭魚而言，這種生命型態較易繁衍後代。

事實上，放眼今日之生物科學，經過實驗去證明的此類案例極為有限。但是，這樣解釋較易說明生物界的種種現象。首先，我們想請各位思考「死的進化」這項說明生物界現象強而有力的假設。

從「死」的問題出發而討論到進化論觀點的學者，當屬十九世紀的達爾文主義者：奧格斯多・愛因斯曼。他在思考高等生物的細胞時，將其分為不斷繁衍後代的生殖細胞及經營生活的體細胞二大類來討論。

屬於生殖細胞的卵子或精子，由卵原細胞和精原細胞構成。這是在胚胎形成極初期的時候（還未分出外胚葉或內胚葉），便與其他細胞分出，專職生殖的細胞。這絕非由其他的身體組織（體細胞）所構成。雖然體細胞或生殖細胞原本就都是由受精卵經過細胞分裂而來的，

但是體細胞卻只使用一代便面臨老化死去的命運。前面我們提到的鮭魚，其身體就等於這裏的體細胞。(參照下頁圖示)

相對於此，生殖細胞會不斷的反覆進行分裂，終至成為精子與卵子並受精，成為下一個世代新生個體的出發點，並傳承給後來的子子孫孫。鮭魚的精子和我們平常吃的鮭魚卵就屬於生殖細胞。

我們的身體，是根據遺傳基因的設計圖而成形的。建築物或汽車的設計圖是由設計師畫在圖面上，而不存在於建築物或汽車裏面。但是，相等於生物設計圖的遺傳基因卻存在於我們的身體中，為此，生物又稱為是「自我複製系統」。遺傳基因受之於上一代而代代承傳，在承傳遺傳基因時，都會遵循一定的規則複製上一代的遺傳基因。

在我們使用影印機複製文件時，若用影印的成品再去影印，顯像效果自然會打折扣，在經過幾次影印後，就會看不清楚。為了防止這種情形發生，所以在複印文件時，我們會用正本去影印，從而複印出許多影本。一般而言，重要文件因必須妥善保管，所以送出去的時候，用的都是影本。同理，遺傳基因也是如此。

作為吾人身體設計圖的遺傳因子 DNA，在成為受精卵之後經過約五十次的細胞分裂，化為約六十兆的細胞構成我們的身體。這就是所謂的體細胞。在體細胞成形的時候，所有的細

體細胞與生殖細胞之不同

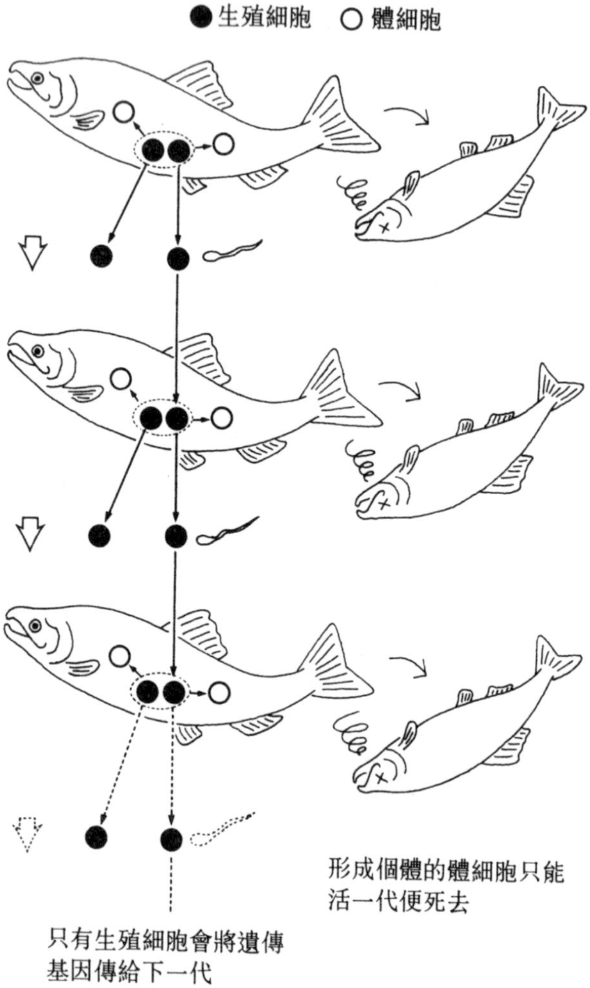
●生殖細胞　○體細胞
形成個體的體細胞只能活一代便死去
只有生殖細胞會將遺傳基因傳給下一代

胞都會被複製上身體全部的設計圖，也就是遺傳基因。然後細胞各自再依據其自有的設計圖，製造蛋白質，在經營生命活動的時候，不斷解讀遺傳基因。

譬如說我們的手指受傷了，這時傷口週遭的細胞便會進行激烈的細胞分裂去修復傷口。傷口周圍的細胞DNA在人類的身體成形之初，便載入了所有的遺傳資訊，而從這些資訊中，可以取出修復傷口必要的資訊，根據這些資訊製造蛋白質，從而完成與原先的手指一樣的細胞。

若因某些錯誤，將製造蛋白質的資訊誤為製造毛髮的遺傳資訊去生產細胞，則指頭就會長滿毛茸茸的毛髮，不過，這是不可能發生的。為什麼這種錯誤絕不會發生？這便是生命不可思議的神祕之處。我們只能說，這就是生命統合的秩序。

●先有雞，或是先有蛋？

生物活著的時候不斷使用體細胞的遺傳基因。在這之間，遺傳基因可能會出現瑕疵，變得毫無作用，或是製造出錯誤的蛋白質。這樣一來，可能會導致細胞死亡，弄不好還會破壞身體的秩序，讓癌細胞不斷增加。

老舊且有損耗的遺傳基因，當然不能原封不動地傳給子孫。因此，一般生物在受精卵進行分裂之初，就會將留給下一代的細胞當作生殖細胞保存下來，而用賸下的細胞製造身體。生殖細胞會經過無數次的分裂，形成許多精子和卵子，但這些並不用於日常生活，通常會盡量避免遺傳基因受傷，並具備區別出受精時的不良品的機能。

正如前面序文曾經提到，根據自然淘汰說，生物具有極盡所能繁衍後代的生命設計圖（遺傳基因），為此生命才能不斷進化。從這一點來看，體細胞不過是只能用一代就報廢的消耗品，真正重要的是生殖細胞。作為生命設計圖的遺傳基因，不斷在日常生活中消耗，不能再用的細胞和組織便透過新陳代謝排出體外。

這跟書籍文件在經過無數次閱讀後便會模糊不清，不再清晰易見的道理一樣。而為了讓更多人熟知內容，唯一的方法便是複製更多的影本，交給更多的人看。

常常我們會聽到「先有雞還是先有蛋」這個問題。一般而言，這個問題不具任何意義，但就生物進化科學而言，卻有一個明顯的答案。雞（體細胞）是製造蛋（生殖細胞）的道具，因此就這個層面上來說，應該是先有蛋。比如說，像我們的手腳不論長得再怎麼靈巧，畢竟不能自己生出小手小腳就是這個道理！

遺傳基因中記載了組織精巧的設計圖，透過生殖，受精卵中的遺傳因子會製造下一代子孫精巧的頭腦及手腳。頭腦或手足精巧，較易繁殖子孫後代。這種想法也是英國進行生物科學學者理查・多金斯在其著書《利己的遺傳因子》中徹底推動的。

●生殖是否是為留下遺傳基因所作的努力？

除了精子與卵子結合生成下一代的兩性生殖之外，還有許多繁衍下一代的方法為人所知。草履蟲的繁殖跟我們體內的體細胞一樣，複製染色體（遺傳基因的集合）成為二組同樣的染色體，並將之區隔為二個細胞。這就是草履蟲的體細胞分裂。這種繁殖方式又稱為「營養繁殖」。

另外，在多細胞生物方面，是將一部份細胞分化為專門用作繁殖的生殖細胞，而且不經過雌雄的交配行為，直接由母體孕育後代，這種繁殖模式稱為「單性繁殖」。「營養生殖」和「單性生殖」兩者合稱為無性生殖。

相對於此，結合兩性的遺傳基因而作成下一代遺傳基因的繁殖方式，就稱為兩性生殖。脊椎動物中，有只靠母體生殖下一代的例子。據說，有些蜥蜴就是採取單性生殖來繁衍後代。但是，到目前為止，都還沒發現脊椎動物進行營養繁殖的例子。

正如草履蟲，營養繁殖看似是不保留正本，而直接使用承傳自前面各代的遺傳基因。但事實上草履蟲是將原來的基因和複製的基因分開使用的。普通的細胞通常都只有一個放置遺傳基因的細胞核，但是草履蟲的細胞卻有二組遺傳因子，保管在不同的大細胞核和小細胞核中。大細胞核又稱為營養核，在成長或反覆進行營養繁殖時，會使用大細胞核的遺傳基因製造蛋白質。

在進行細胞分裂時，大細胞核和小細胞核也會分裂，但草履蟲不會無限分裂，這種現象稱為「無性生殖之老化現象」。這時候兩隻草履蟲便會交換遺傳基因以求維持青春。這就是所謂的「接合」。（請參照下頁圖）

「接合」是透過兩性遺傳基因繁衍後代的一種兩性生殖。在接合的時候營養核會消失，而由稱為生殖核的小細胞核重新再製造一個營養核。因此，構成身體的設計圖之外，一方面也採用了原來繁殖後代的基因，而前者終將面臨老舊之後便遭捨棄的命運。

但草履蟲並不是只靠營養繁殖來繁衍下一代。牠們也進行兩性生殖。雖然其他還有一些無法確定是否進行兩性生殖的植物及原生物，但是這可能是調查仍不夠深入之故。最明顯的例子是小學課本也提到的梭傲子，也是直到最近才被發現進行兩性生殖。

雖不是所有生物都像草履蟲那樣，會分開使用營養核和生殖核，但是兩性生殖採取某種形式組合基因的情形，卻是從細菌到脊椎動物等所有生物採取的最普遍形式。

一般都說用園藝植物發展出來的雜種起源植物，是不行兩性繁殖，而只靠營養繁殖來繁

草履蟲的接合

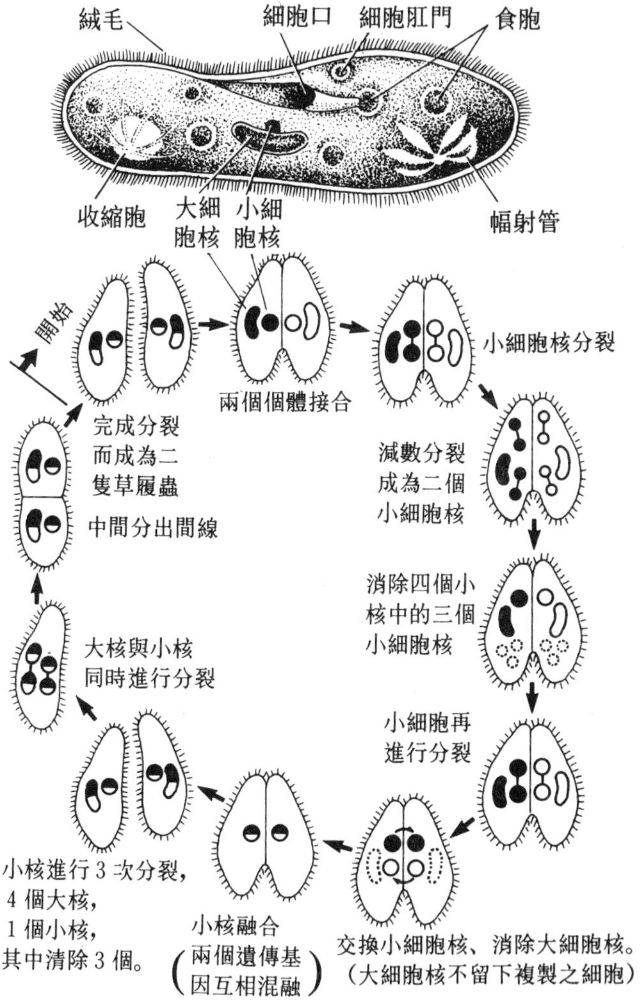
絨毛
細胞口
細胞肛門
食胞
收縮胞
大細胞核
小細胞核
幅射管
開始
兩個個體接合
小細胞核分裂
減數分裂成為二個小細胞核
消除四個小核中的三個小細胞核
小細胞再進行分裂
交換小細胞核、消除大細胞核。
（大細胞核不留下複製之細胞）
小核融合
（兩個遺傳基因互相混融）
小核進行 3 次分裂，
4 個大核，
1 個小核，
其中清除 3 個。
大核與小核同時進行分裂
中間分出間線
完成分裂而成為二隻草履蟲

衍的。普通的生物，在細胞核中會有二組DNA，這又稱為「二倍體」，其中也有些同時有三個同樣DNA的三倍體植物，例如石蒜花就是一個例子，也就是這個原因，石蒜花是用球莖繁殖後代的，這種植物，能用的也只有營養繁殖而已。

另外經過像秋水仙鹼(colchicine)等的藥物處理，也可以製造出三倍體的西瓜或魚。最主要是用於無法進行兩性生殖、或者是DNA過多所以導致過大的情況。就西瓜來說，多半用於生產無籽西瓜，以求方便食用所作的技術改良上。但是在做這種技術改良時，多半還是需要兩性生殖時品種相近的種子。

生物雖然無法持續複製本身所具有的遺傳基因，但是部份的基因，在沒有突變的前提下，會永遠的遺傳下去。事實上，就有許多遺傳基因是承傳自文明發生之前的。另外，人類某些DNA的排列順序跟魚類或爬蟲類有共通之處也是一個明顯的例證。

然而，生物並無法將自己所有的遺傳基因，悉數傳給自己的下一代，尤其是將遺傳基因無法涵括的記憶或一技之長，就不能透過遺傳基因將之傳給下一代。

如果植物可以不斷的進行營養繁殖，那麼生殖細胞就沒有存在的必要。雖然錢苔的壽命號稱無限，但那也是因為錢苔的兩性生殖不為人所知罷了。草履蟲之所以會發生老化現象，就跟不斷重複影印同一份文件，終將導致文件模糊不清，或是經年累月使用同一本辭典，總是會將辭典翻爛的道理是一樣的。因此，必須將體細胞與生殖細胞分開來談，並妥善保管等同於遺傳基因正本的生殖細胞。

●生物並不具備「自我保存本能」

身為一個個體，凡是生物，就必須面對死亡。換言之，就是體細胞會死亡，但並不意味死後就此歸於空無。因為還有生殖細胞以傳宗接代為前提，綿延不絕的在運作。換句話說，為了傳宗接代，生殖細胞會不斷消耗作為生命基礎的體細胞，終至生命結束。

然而，並不能就這樣膚淺的將其定義為人的「生存之道」。在這裡必須事先聲明的是，個人是否選擇生兒育女，完全取決於個人的價值觀，而無關乎生物學的論題。因為，生物學所討論的終究僅限於生物依循何種原理而生，而死，並不牽涉其他。

那麼，生物存活所依循的原理又是什麼呢？這一點，在前面前言裡我們曾經提過，那就是「自然淘汰」。生物的生命成就表現在繁衍數量之多寡，因此，只要是生物，都會拼命的致力於傳宗接代。

在這裡我們想要強調的是，生物個體對生命所作的努力，無非就是繁衍自己的子孫（也就是增加自己的DNA）。

曾經一時，生物犧牲自我只為繁衍種族的行為畢竟歷歷在目，使得生物學界為生物是否具有「種族的保存本能」而喧囂一時。

比如說蜜蜂或是大胡蜂的工蜂都是母蜂，但卻不產自己的卵，只致力於養育女王蜂所生，相當於自己弟妹的蜂卵。工蜂的這種行為，看起來就像是為了他人利益而消耗自己的生命一般。

另外，海豚會在看見跟自己無血緣關係的其他海豚有難時挺身相助。這跟前面工蜂的作為一樣，看起來都像是一種利他行為。

生物的利他行為歷歷在目，從而引發生物學界對動物是否有保護同種生物而發展出「利他原則」的議論。

然而仔細觀察之後可以發現，這絕非一種種族保護主義，事實上，這種種行為，似乎較傾向於是為了保存自己的DNA而來。蜜蜂跟大胡蜂的工蜂之所以不繁殖自己的下一代，主要是考量與其自己繁衍下一代，不如幫助有血緣關係的女王蜂繁殖下一代來得有經濟效益。換言之，就是擴大自己以及跟自己同樣遺傳基因的存活率，這種模式，稱之為「血緣淘汰說」。

另外，海豚的互助行為是基於互惠心理而來，也就是幫助他人，以便在下次遇難時獲得救助。這種行為模式，稱為「互惠主義理論」。關於「血緣淘汰說」，可參照河田雅圭所著之

《最初的進化論》（講談社出版）一書。至於互惠主義的詳細內容，則可參照諸如阿肯色羅多所著之《交際法之科學》（松田裕之譯，HBJ出版局出版），其中有詳盡之說明。

同樣的，生物不具自我保存本能的說法可能會馬上引起反對的意見，畢竟，放眼生物的世界，哪樣生物不在為生存做最大的努力？這種行為不就是一種自我保存的本能嗎？

事實上，這些看似是自我保存的行為，壓根不過都是為了傳宗接代，留下自己的DNA所作的努力。而說明這一點正是本書主題「死的科學」之核心所在。

在這裡，我們避免開門見山的進行論理，而先從下面的反論切入。

在生物的世界中，似乎沒有為了保護自己而犧牲孩子，或者是完全不考慮傳宗接代的例子。

正如在《習頓動物記》中也曾提到的一般，只要是幼鳥受到其他動物的侵襲，母鳥就會為了保護幼鳥，拼著命佯裝受傷不能飛的樣子去吸引侵略者，直到侵略者不再攻擊幼鳥。帶著下一代面對侵略行為，相信不只是母狗或母猴子會齜牙咧嘴的擺出一副備戰狀態，事實上，許多動物都具備這種天性。

當然，繁殖下一代的機會不僅限於一次，因此也有些例子是在考量風險過大的情況下，犧牲孩子，然後等待下一次更好的機會。

京都大學靈長類研究所的杉山幸丸就發現有一種猴子在猴王遭到其他猴子驅逐時，後來的猴王會將前猴王的子嗣殺掉，但是這時母猴卻坐視這種情況發生而毫不抵抗。母猴在養育小猴的時候，即使來了新的猴王都不會發情，但是只要小猴子一死，就會發情。這種時候，原來的猴王當然是想要留下自己的子嗣，但是母猴的做法卻是選擇讓新的猴王殺死跟前猴王所生的小猴，以便跟新猴王生下更強壯的下一代。

盡量多繁衍後代的生死之道，隨著自然淘汰而進化。為了留下後代而不惜以生命相搏，也可說是理所當然的。雖說是「留得青山在，不怕沒柴燒」，但就自然淘汰的觀點而言，不繁衍後代就沒有生命價值的看法，毋寧比較符合生物法則。若就純粹的生物學觀點觀之，不繁衍子孫的生活，不管是多麼的幸福，生命充其量不過只有一代的光陰，而不能綿延不絕，因此結果不過是走向衰退滅絕之途罷了。

這麼說來，可知生物並不是一生下來就有其目的。諸如小馬在出生之後就會站立；小海龜在孵化之後便知要回歸大海；甚或是香魚會在河邊劃定勢力範圍；鰻魚在產卵時會潛向深海等，都並不需要冠上任何目的去解釋。有鑑於此，認定生物有自我保存本能或者是種族保護本能的說法，不僅是人類一廂情願的錯覺，同時更與事實不符。

所有的生物都會繁衍後代。採用學術性的說法，便是複製自我。兩隻不同的母狗所生的

受到自然淘汰的影響，傳宗接代的生死之道不免有所進化。不管一個世代有多繁榮，假如沒有繁衍下一代，終將步上衰退滅絕之途。

小狗，各自遺傳母體不同的特徵。這種遺傳自母體的特徵，進化生物學上稱之為「遺傳形質」。狗所接受的遺傳特徵，或多或少對生存方式或死亡之道造成影響，而確實更容易繁衍後代的遺傳特徵，也會越趨擴大在狗的族群之中。

●冒著生命危險進行交配的公螳螂

那麼，螳螂的交配情況又是如何？據說母螳螂會吃掉以交配為目的來接近自己的公螳螂，也就是因為這樣，母螳螂便成為將男人當成獵物的女性的代名詞。但事實上，公螳螂為了傳宗接代，可是冒著九死一生的生命危險，才能與母螳螂交配。

生物界有很多雌性較雄性強勢的例子，這跟人類是極端不同的。螳螂就是其一。對於母螳螂來說，最重要的不過是食物。許多生物在繁衍子孫的時候，通常都是由雄性來主宰成敗，至於雌性，不論怎麼受到雄性的青睞，能繁殖的數量畢竟有限（雖然人類並非全然如此）。另外，就生物而言，母體受的是哪一隻雄性的精液，似乎對後代的將來都沒有什麼太大的影響。

因此，雄性較之於雌性，會比較致力去找伴侶。就像是大蚊這種昆蟲，會為了要接近雌蟲而獻上食物。而且食物越多，交配的時間就越長。

相對於此，沒有辦法為母螳螂獻上食物的公螳螂，就只好冒著生命危險親自上陣去當母螳螂的食物，以便接近母螳螂。

螳螂對於身邊會動的東西都一概以食物視之，而在一瞬間捕食這些生物。

人類的行為模式是先辨別映入眼簾的東西，因此每一樣東西都有其一定的名字。但是人類之外的許多生物，並不具有那麼多的概念，所以舉凡是會動的東西，都將之當作是一種生物，不問顏色、形狀通通往肚子裡吞。比如說將一隻麻醉後一動也不動的蒼蠅放在一隻青蛙面前，青蛙看都不會看這隻蒼蠅一眼，但是再找來一隻蒼蠅模型，讓這隻模型蒼蠅在青蛙眼前飛舞，青蛙很快便會伸出舌頭捕食。同理可證，母螳螂一定不知道自己吃掉的是同種的公螳螂。

人不會分辨不出人類和猩猩的不同，但魚卻常分不清楚其他魚跟自己是同種或不同種。比如說，曾經就有兩種不同的沙丁魚混游在一起覓食。這種現象可以從魚網中常常參雜著不同的魚種確知。有一說是秋刀魚若混在鮪魚中，便會以為自己也是鮪魚，而跟鮪魚一同行動。

鮭魚生於河川長於大海，直到產卵期到了，才會再回到河川。對於出生地的河川，鮭魚冥冥之中似有所知。然而，並不是所有魚類都是如此。例如沙丁魚生在太平洋（日本九州南端），為了覓食會北上到北海道的東邊。研究沙丁魚的學者專家堅信沙丁魚應該會再度回到所生之處的九州南端。但有些沙丁魚卻渡過了津輕海峽，南下到了日本海。也許這些沙丁魚是不知道自己到底是南向游向太平洋，或是身處日本海。有一種可能是這些沙丁魚並不是靠著與生俱來的感知器官回到原來生長的地方，而不過是順著溫暖的海水隨波逐流罷了。或許大部份的生物都是在這種渾然不知的狀態下存活著。

姑且不論這方面的問題。對人類以外的生物而言，生而繁衍後代，無疑是莫大的幸福。旅鼠集體性的遷移行為，乃至跳河或跳海的行為絕非自殺。暫且不論旅鼠集體遷移及跳海跳河的發生頻率有多高，我們的推測是，當集體遷移發生的時候，一定是發生食物不足的現象，旅鼠因不願坐以待斃，便產生以覓食為目的的集體遷移。至於投河或跳海，倒也並非是為了給其他的旅鼠多留一口飯吃。相信假如有足夠的食物，旅鼠就不用成群結隊的往河裡或海裡跳了！

母螳螂比公螳螂大且有力。因此，若考量自身安全，接近母螳螂的公螳螂可真是虧大了。但是不接近母螳螂就達不到傳宗接代的目的，所以，有的公螳螂便從後面悄悄的接近母螳螂，若母螳螂的視線一轉到自己身上，便馬上動也不動，然後趁機跟母螳螂交配，從而全身而退。就這樣的情況看來，公螳螂真是冒著九死一生的危險才得以留下自己的後代。

但並不是所有的公螳螂都這麼幸運。假如不幸交配到一半被母螳螂發現了，不由分說馬上就是命喪黃泉。就體位來看，最先被吃的部位應該是頭部。因此，螳螂的生理設計是就算頭先被吃了，腹部的反射神經依然能持續交配。

這個例子強力說明為了繁衍後代必須採取有效行動。母螳螂只知覓食，因此對跟自己毫不相干的公螳螂是一點也不在意。但是公螳螂冒著生命的危險接近母螳螂，就算是被吃了，也一點兒都不冤枉。就這點來說，人們將以男人為獵物的女人稱為「母螳螂」，實在是太失禮了。因為母螳螂其實並不知道自己吃掉的是公螳螂。事實上，丟了腦袋還能做愛的男人，才更應該稱之為「公螳螂」。

不只是螳螂。最近曾是琉球大學研究生的佐佐木健志就發現了黃金蜘蛛有交配中斷的現象。這種蜘蛛雄性跟雌性的體積差距比螳螂來得大，公蜘蛛甚至只有足夠攀附在母蜘蛛腹部那麼大而已。因此，為了確定交配的準確率，公蜘蛛會用觸腳把精子送到母蜘蛛的體內。這支觸腳在交配完成之後便會脫落，留在母蜘蛛的體內擔任拴子的工作。

因為觸腳只有一對，因此公蜘蛛只能終其一生交配兩次。大部份的公蜘蛛要是能完成一次交配就算是不錯的，如果能完成兩次，那就真是太優秀了。不過公蜘蛛就算能交配兩次，也會在結束第二次交配之後，當場斃命。這種蜘蛛生理結構目前還不是很清楚，然而即使公蜘蛛在第二次交配後仍能活命，沒了觸腳，自然也就無法再交配。這也顯示出公蜘蛛因在交配中有被母蜘蛛吞噬之虞，因此公蜘蛛為了要確定交配的準確度，所以不得不用這種方法全

學科的亡死　22

對大多數的生物而言，傳宗接代真是九死一生的困難事業。雖然對於交配中會被母螳螂或蜘蛛吃掉的公螳螂或公蜘蛛，我們不免掬一把同情淚，但想想，公螳螂和公蜘蛛，終究能因此而留下後代……。

力以赴的讓母蜘蛛受精。這真可說是蜘蛛的「腹上死」。（「腹上死」在日文指的是男性在做愛的過程中，因太過劇烈，不勝負荷而死於女性身上的情況。）

不論是螳螂為交配所冒的九死一生，或是蜘蛛的腹上死，都不是為了種族而犧牲，而純粹是為了繁衍後代而鞠躬盡瘁。這真可以說是對自己的DNA最忠實的一種行為。

那麼，我們在前面提到過的鮭魚在產卵後會大量死亡，又是怎麼一回事？

●不論早晚，死亡都將公平降臨

據說鮭魚在溯溪準備產卵時，便已瀰漫著一股悲壯的氛圍。這時的鮭魚已經不再進食，牠們帶著儲積豐富的皮下脂肪及卵巢，逆流而上。這就像是一個人要跑一百公里的馬拉松一樣，鮭魚拼著命游到產卵的溪流，完成產卵及受精的使命之後，便精疲力盡的死去。產卵之後的鮭魚並不好吃，所以人們捕食鮭魚，通常是在鮭魚溯溪而上之前。

我們可以說鮭魚在準備溯溪產卵之後便不進食，其實就是在為死亡作準備。不進食游到上游必死無疑，但這總比一路覓食較能確保繁殖的成功。這可以從綜合鮭魚溯溪產卵的種種條件，將之歸納成數學公式的結果得知。

其他的生物，也有許多視情況而放棄進食的例子。

比如說屬於翅目蜉蝣科的蜉蝣，是一種一年之內就會更換好幾個世代的短命昆蟲，據說這種昆蟲一年只有一代會產出公蟲跟母蟲，然後進行兩性生殖。除此之外的都僅為單性生殖，由雌蟲孕育幼蟲。而其雄蟲跟雌蟲完全是為了交配而生，在出生時便已完全成熟，甚至連覓食的嘴巴都不具備。另外薄翅蜉蝣的成蟲也沒有嘴巴，完全只依賴幼蟲時儲積的養分飛翔、交配及產卵。

沒有嘴巴，不進食雖是意味著覺悟死亡，但是前面我們便已經提過，不論早晚，死亡都會無可避免，平等的降臨在每一種生物身上。而生物的體細胞便在這樣的前提下，設計具有盡量達到傳宗接代機能的遺傳基因。從這裡也可進一步驗證，前面提到過的，生物沒有自我保存的本能的說法是正確的。

●自然淘汰進化傳宗接代的冒險

睡眠或冬眠因為不需要動到身體，因此並不具太大的危險性。但是覓食卻會將自己暴露在天敵之下，越是將注意力集中在食物上，對天敵的戒心就越鬆散。

雄性生物對雌性生物求歡以及與之交配是件危險的事情。這時不僅可能受到天敵的侵襲，也可能因爭奪同一目標物跟其他雄性生物互鬥而受傷。就像是猴子的猴王之爭通常都是拼了命的。因為跟越多的母猴交配，就能繁殖更多的下一代，所以公猴之間爭母猴也爭得是水火不容。

而其中最危險的當屬繁衍後代。烏龜產卵毫無防備，所以就算是遭到侵略，也無從還擊。同樣的，就人類而言，媽媽的分娩，也是一項非常危險的大事業。雖然在媽媽分娩的時候，爸爸可以在一旁為媽媽加油打氣，但就生物學的角度而言，爸爸卻是絕不可能感同身受媽媽的痛苦，甚至為媽媽分擔任何的痛苦。

生物沒有絕對安全的生存之道。這是包含人類在內，所有生物的宿命。健壯平安的成長以及傳宗接代，無可避免的伴隨了從不間斷的風險。運氣不好就是死，這是所有生物必須與危險共存活的宿命。因此，適應力強的，也就是繁衍子孫希望較高的生物，同樣的就帶著相等的死亡意味。對生物而言，生與死無疑是並存的。

冒險並不一定會成功。冒險亦分有意義之冒險及徒然送死兩種。就生物的角度而言，為了傳宗接代，卻作出不利己的冒險，就自然淘汰的觀點而言，不過是種極其拙劣的冒險。至於鮭魚溯溪產卵，卻在產卵後結束生命；或是人類只生一個孩子，但為這孩子哺育母乳，悉心照護等不同的生命型態，都是更能有效完成傳宗接代這項事業所進化的生死之道。在繁殖的過程中，母體或父體並不見得安全。正如產卵後的鮭魚無法避免死亡，同樣的，前述的螳螂和蜘蛛也在求取更容易達到傳宗接代的目的下，不斷的進化其「冒險」的形式，並將之付諸行動。

●生存曲線——死亡的各種樣態

若死亡是生物之所以為生物不可避免的宿命，那麼死亡會在什麼時候，採取什麼樣的形式到來，則又依生物種類之不同，而有不同的樣態。唯獨有一點是可以確知的，那就是生物的死亡完全是偶然命定，既有長壽的個體，也有短命的個體，不論壽命長短如何，全繫之於運氣。當然，就平均數字來看，人類比猩猩還要長壽，而營養條件較適中的人又較之過胖者或極端營養不良的人有長壽的傾向。嬰兒一般較成人脆弱，而女性又比男性長壽，但是諸如此類都不過是依其或然率所作的預測，理所當然會有例外。

人類以外的生物，有些的死期是一定的。比如說前面提到的鮭魚，會在溯溪產卵之後便死亡。而墨魚據說也會在產卵的地方堆積如山的死骸。連植物的稻子，若為一年生，便會在結實之後的季節過後，枯死於冬季（通常人們割稻的時候，都還不到稻子的死期）。

然而，能壽終正寢的野生個體卻是非常罕見的。例如鮭魚的幼魚在成長為成魚之間，就會相繼死去，真正能長成成魚的，只有少數一部份。而決定個體存活的主因，除了個體遺傳基因所具有的先天能力之外，偶然也成為一大要素。

下頁的生存曲線圖表示生物從出生之後存活的年數（或天數）。橫軸是出生後的年齡，縱軸是將活過其年齡限制的個體比例，以對數表現出來。高中的教科書中，提到三種生存曲線。

首先，第一型曲線，是生物一直活到老化的年齡，然後在過了一定的年齡之後急遽死亡，人類為其代表類型。第二型曲線不受年齡限制，但以一定的比例死亡，鳥為其代表類型。但因母鳥會哺育幼鳥，所以幼鳥期的死亡率較低，也因此這種說法稍稍值得商榷。最後第三類型是個體在出生之後便大量死亡，而存活下來的個體則顯著的較為長壽。這種類型以昆蟲為代表。這三種類型分別稱之為第一型、第二型、第三型生存曲線。

生物種類森羅萬象，到底適用哪一種生存曲線並沒有一定的準則。但下面的想法毋寧是較容易明白的。

不管哪一種生物，都有死亡率最高的兩個時期。一是出生之後（人類的話是哺乳時期），一是高齡期。相對的，期間的壯年期的死亡率較之前兩者則較低。一般說來，初期的死亡多發生在發育不全（諸如免疫系統未發育完全），壯年期的死因則多因受到天敵的侵噬，或是遭受飢餓及事故。高齡期的死亡則發生在生理活性降低（諸如防禦天敵或是疾病的能力減弱）

生存曲線的三種類型

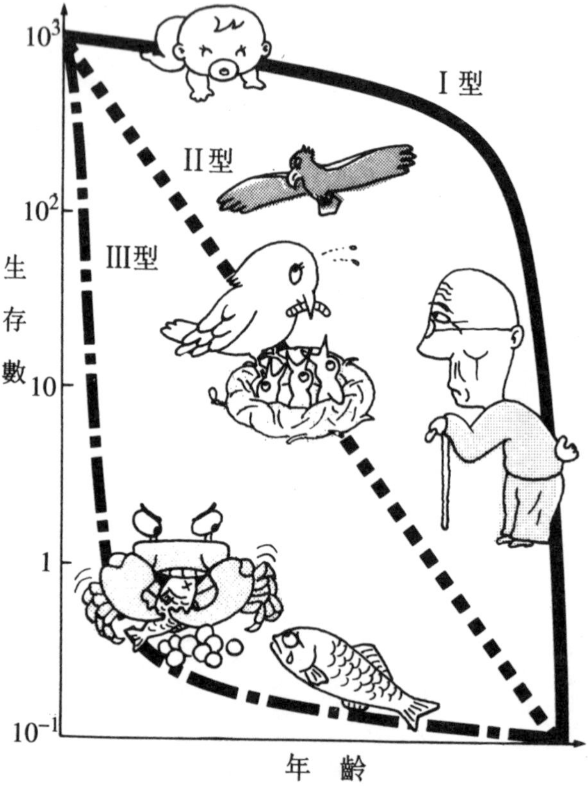

若將動物的生存方式分類，可分為三種。第一型的代表是幼年期的死亡率低，大多數都活到老化的年紀，卻在老化之後急速的死亡。第二型是無關年齡老少，而以一定的比例死亡，鳥類為典型代表。第三種是如昆蟲或魚類，在出生之後便受到天敵的威脅而死亡，若活過幼年期，則可能就會活得比較久。）

的情形下。

若初期或少年期的死亡率較低，多能活到高齡期，就屬於第一型；不管是初期或是高齡期，死亡率都不是很明顯的屬於第二型；但若是初期死亡率（就人類而言是嬰兒死亡率）偏高，鮮少能活到老的生物，就屬於第三種生存曲線。

生存曲線不僅依生物種類之不同而有差異，同時也會依實際條件而有變化。一般說來，線蟲等低等動物，若經人工飼養，會呈現第一種生存曲線，但是同樣的線蟲若為野生，則會呈現出第三種生存曲線。相同的，貓或狗寵物呈現第一種生存曲線，但是野狼或豹等野生動物卻呈現第三種生存曲線，就是基於生存環境之不同所致。同理，假如將人類放到荒郊野外，相信人類的壽命就不會這麼長了！

人類與生俱來具有長壽的生理機能，這一點當然無須贅言，但是人類卻在長壽的生理機能之外，更加營造出讓生物長壽的社會。如果說長壽就是好事，那麼將野生動物都關進動物園，毋寧更具效果。

一般說來，第二種生存曲線跟放射性同位元素放射性殘留物質量的時間變化相同。放射性的強度，取決於殘存的放射性同位元素的量，隨著量的減少，輻射能的強度也會減弱。要成為四分之一則須兩倍的時間。因此，若將放射性元素殘存比例（跟生存比例對應）的對數作為縱軸，則值會跟時間共同呈直線下降。

第二型的生存曲線跟這個完全相同。這表示某時期活著的生物，其個體一天的死亡率是一定的，跟活多久並無關係。也就是說，這種生物沒有老化跡象，至少老化並不反應在死亡率上，不管是活了六十年的個體，或是活了四十年的個體，其平均的剩餘壽命，不論老少，都是一樣的。

年輕力壯的時候，死亡率當然就比較固定，其後因漸漸老化，就會逐漸邁進死亡率較高的時期。依個人之不同，有人老化得快，也有人老化得較慢。平均看來，四十歲的人的平均壽命，還是比六十歲的人的平均壽命要多出二十年。這說明人的生存曲線不是第二種，而是第一種。

接近第二種生存曲線的野生動物並不是完全沒有老化現象。就生物學家的調查來看，這些野生動物要不是老化跡象不明顯，就是在老化之前就都死亡了。

●嬰幼兒的死亡率為何偏高？

前面提到，不只是人類，所有的生物在出生後及高齡期都是死亡率最高的時期，這是有原因的。高齡期會因為生理活性的退化，儲積生理障礙而導致死亡。關於這一點，我們會在下一章有詳細的討論。相對於此，剛出生的生物相當於一個「半成品」，若又因此伴隨先天的障礙，就會產生死亡率高的個體。因此，一般這個時期的死亡率就偏高。

第一型生存曲線的人類在嬰幼兒期的死亡率相當高。一八九九年日本的嬰幼兒死亡率，相對於一千個嬰幼兒就有一五三・八個死亡，嬰幼兒時期的死亡率佔百分之二十二・九。但是到了一九八四年，一千個嬰幼兒中卻只有六・〇（佔全部的百分之一・二），到一九八七年更降到五・〇。這真可說是拜醫療技術及衛生水準突飛猛進所賜。

嬰幼兒死亡率的降低，也是延長日本人平均壽命的主要原因。但是，死亡率卻依然低於少年期。也就是說，人類為了要直立以雙腳步行，骨骼會產生變化，而生產的孕婦負擔也更形加重。一九八四年日本產婦的死亡率，每生產十萬件就會有十五人死亡。

野生的哺乳動物因為初期死亡率偏高，因此多被認為是屬於第三種生存曲線，但是相較於魚類，野生哺乳動物的死亡率還算是低的。但是若要將哺乳動物跟魚類相提並論，則不能拿出生之後來比，至少得將孕育受精卵到出生納入計算範圍，同時將流產率也算進去才公平。

就人類而言，也有可能是受到夫婦遺傳的屬性適合度的影響，即使是受精，也有約百分之十五會自然流產。這是為了控制染色體發生異常生下不正常的胎兒，而在胚胎形成階段所行使的抑制作用。但是就算是加進流產率，人類的初期死亡率還是比魚類來得低。

魚跟人都是一種脊椎動物，只要是脊椎動物就具有免疫機能。這個免疫機能隨著年齡的增長，會逐漸增強，這也就是為什麼大人比兒童不容易感冒的原因。更進一步的說，魚或蝦子在剛出生的時候，形體跟成魚完全不同。就蝦子而言，初期是以浮游生物的形態浮游在水中生活，大小跟成蝦完全不同。當然，出生的蝦子死亡率是比成蝦來得高。

生物之間存在一種弱肉強食的食物鏈關係。比如說珪藻等浮游植物常被水蚤等動物浮游生物吃掉，動物浮游生物又會被秋刀魚等小魚吃掉，小魚又會被肉食性大魚吃，大魚又會被鯊魚或人吃掉。

青花魚屬雜食性，所以不管是動物浮游物也好，小魚也好，一併通吃。但是這不過是成魚之間的捕食關係，並不代表剛孵化的鮪魚就能吃掉青花魚。

事實上，沙丁魚或是青花魚的卵或幼魚，就常被一部份的動物浮游物吃掉。也就是說兩者之間的關係是大青花魚會吃掉植物或動物浮游物，但是小青花魚卻又會被動物浮游物吃掉。

不只是青花魚，所有魚類的個體數，受到天敵或食物的影響會有極大的增減。而影響個體數增減最具說服力的原因，與其說是長到成魚之後的死亡率變化，不如說是長到成魚之間的死亡率變化。造成影響的天敵或食物並不包含在成魚的食物鏈關係中，要說明其影響，還必須調查幼魚吃了些什麼，然後被什麼吃了才算明確。

並不是所有的魚卵都會孵化。因為魚類屬於體外受精，因此沒有受精的魚卵，往往就自此深埋海底。而先天異常的卵，也會在初期的時候便死亡。

出生不久後的生物，多屬於半成品，同時很多個體在初生時都非常脆弱，也因此死亡率便隨之增高。不成熟的個體隨著成長會漸漸茁壯，但是脆弱的個體較之於強壯的個體，生存的機率就小得多。所以，能夠成熟的個體，通常都是沒有缺陷而強壯的個體。

●機械的故障率跟人體的死亡率類似

生物的生存曲線正如前述，在幼少期跟高齡期死亡率較高，其間則較低，而人類尤為明顯。這種情況跟機械的故障率非常類似，從這裡可以推知機械跟生物有某種共通性。一般說來，機械在購買初期，因為故障率較高，所以通常都附有保證書，經過使用多年後，故障機率漸漸多了起來，這時候，電氣業者便會建議用戶汰舊換新。

本來，從自然淘汰的觀點討論生物的生存狀況，跟人類如何設計機械是完全不相干的，但是兩者的理論非常相近，使用的程式也幾乎相同。正如生態學被稱為是生物生死的經濟學一般，生物生態跟說明人類經濟行為的立論架構有諸多共通點。這一點，我們在此稱之為理論的相同性。

然而，不能忘記的是雖然理論架構（或是使用程式）有許多共通之處，畢竟兩者作為前提規範是完全不同的。進化生態學本著自然淘汰的原理，而進化成盡力留下更多子孫的生存模式。相對於此，市場經濟學（亞當史密斯學說）卻是本著自由主義原理，進行提高人類效益的經濟活動。

雖然理論架構很像，但是即使自然淘汰說在生物的世界得到驗證，並不代表自由主義原理也能在經濟世界成立。因此，不能將理論架構的同質性與進化理論的擬人化解釋（關於生物的學說，多直接用來作為人類的生存方式活生生的教訓，即類推性的理論）混為一談。這一點，我們會在第五章提到社會生物學的時候，做更詳盡的討論。

在生物學的領域裡，相同跟相似是有嚴格的區分的。比如說，鳥的前翼跟獸的前足，就系統發生而言，都來自於同一器官，因此我們稱其為相同器官。相對於此，燕子跟蜜蜂的翅膀就其發展而言完全不同，但因為同樣擔任飛行的工作，因此稱為相似器官。這種用語的使用方式也許跟其他領域的使用方式不同，但在生物學的領域裡卻是非常確定的概念。

生物在初生時期死亡率之所以偏高，主要是因為本身並不完全成熟，加上易受到病原菌或天敵的侵襲，或者有些是因為先天體質較弱的個體混在一起，因此容易導致初生期死亡。但是機械並不在販賣之後有所成長，因此，初期故障的原因跟生物的初生期的高死亡率當然完全不同。

●大量生產當然會出現不良品

那麼，機械的初期故障率為什麼會偏高？這是因為新出廠的機械都會有一些「不良品」的關係。廠商在產品進入販賣階段前進行品管檢查的工作，事先防止不良品流入市面。同理，不良品流入市面，就成為廠商的品管制度不健全的證據。

比如說食品包裝上通常會寫著：「本產品經過萬全之檢查，若有任何疑點……」等的說明。檢查工作是人做的，理所當然就會有些疏失。但是「萬全」這個字眼也實在是值得商榷。若要減少不良品，做到萬無一失的程度，能做的大概就是在出貨前再做一次檢查，以確定不良品的比例確實減少了。不過，這麼一來還真是會沒完沒了。事實上，在做生意的時候，應該都已經有一套具效率的品管制度了。

檢查是件費時又花錢的工作。但是就算是花兩倍的工夫強化檢查工作，也不能擔保產品正常的數量就會增加到兩倍。下面就用假設的數字試算看看。

若不良品的發生機率是五十個成品中有一個不良品，而在一次檢查中忽略不良品的比例是一百個裡面有一次，那麼經過一次檢查後，不良品混入的比例是五千個之中有一個，經過兩次檢查後則為其百分之一，也就是會減少到五十萬個裡有一個不良品。當消費者有投書時，若損失為產品淨利的十倍，假定檢查一次產品所需花費的成本是淨利的百分之三，則一次都沒檢查的話是：

$$\left(\frac{1}{50}\right) \times 10 = 0.2$$

淨利的百分之二十會因為不良品對策而損失。這個公式中的五十分之一是賣出不良品的機率，十則表示賣出不良品時的損失。檢查一次，則為：

$$0.03 + \left(\frac{1}{50}\right) \times \left(\frac{1}{100}\right) \times 10 = 0.032$$

會損失百分之三・二。這個公式裡的〇・〇三是檢查所需花費的成本，百分之一則是疏忽故障的機率。事前的檢查雖然會增加成本，但是卻可減少消費者的抱怨，所以還有價值。但是

檢查兩次，還是只有

$$0.03\times2+(\frac{1}{50})\times(\frac{1}{100})^2\times10 = 0.06002$$

損失約為百分之六。原本這樣的檢查結果應該可以減少不良品的銷售比例，而得到萬無一失的結果，但是也因為檢查成本過高，所以反而造成損失。

因此，從這個試算結果我們可以發現，檢查一次對營利而言是最有利的。畢竟不管廠商再怎麼誠實，總不能在產品上註明「本產品有五千分之一的不良品發生率」吧！但話說回來，又不能拍著胸脯說發生機率等於零，這時候，「萬全」就真是一個方便的字眼。

萬一食品出現瑕疵品，顧客產生抱怨會對產品形象大打折扣，間接造成極大的損失。因此，對於過度使用防腐劑或添加物等肉眼看不見的檢查通常都比較睜一隻眼閉一隻眼，但是對於發霉或是長蟲等明顯的瑕疵，品管上就會非常小心。

然而，電器用品的檢查並不如食品那麼簡單，不良品對消費者的影響若不會造成生命危險，故障的或然率通常就會比較高，也因此，通常電器用品會隨貨附上半年或一年的保證書。

機械的故障發生率最高在於工廠出貨之後，隨著時間的增加故障的機率也會越來越高。生物在初生時，亦會有許多有缺陷的個體，但是這些個體會慢慢地滅絕，使得正常個體的存活比例大大提高。

主要是因為這個時期的故障，通常比較少是因為顧客使用後所導致的故障，而多認定是產品本來就有的缺陷，所以就附加保證書作為保障。但話說回來，因保證書被視為是服務精神的表現，因此，對廠商而言，附保證書可真是一舉兩得。換句話說，就是廠商明知可能會有些瑕疵品混雜在成品中，卻還是將產品賣出去給消費者，而讓消費者在實際使用的時候，幫廠商作品管檢查的工作。

生物初期死亡率較高的情形與此類似。也就是說，父母並不保證能給下一代周全的照顧，能作的只是盡量產下體積較大的卵，為下一代留下成長所需的養分，但卻因此花掉過多的精力，以致無法產下太多的卵。更有一種可能是，好不容易生下來的孩子，還有遭受天敵或疾病侵蝕的可能。

跟死亡並行而存的野生動物通常不管大小，會盡可能繁衍最多的後代，然後便聽天由命。這種計算方式跟先前計算避免機器故障的檢查公式，可用同樣的方法算出。

●壽命分為「生理壽命」跟「生態壽命」

前面我們提到生存曲線。第一型生存曲線的個體因為普遍能活到老年，所以壽命比起其他生物要長一些。但是事實上壽命卻又分為兩種。

一種稱為「生理壽命」，指的是不受到天敵或病原體的威脅，在理想條件下的壽命。事實上，這也與個體的體質差別而有異，所以在同樣的條件下，有的個體會活得比較長，有的個體則比較短命。但是就生理壽命的角度來看生命的時候，通常不將個體體質的差異列入考量，而只注重「種」。但是因為動物種類繁多，難以測出生理壽命，因此過去到現在都以物種的最長壽命來代表生理壽命。

另外一種稱為生態壽命，指的是在生物所生存的野生條件下，生物所具有的平均壽命。在計算生態壽命時，若不知道生存曲線就很難計算。因此，這比起測量人類以外的生物的生理壽命還要難。生理壽命或生態壽命並不是經過精密定義的測試指數，基本上，這僅是一種生物學概念。

人類的壽命經過非常詳實的弔查，但是計算方法卻很弔詭。因為，當我們要計算今年五十五歲的人還有多少壽命，是以去年五十五歲以上人口的年度死亡率為基準來計算的。也就是說，我們假定去年的社會狀態將會一直維持下去，而以此作為計算的基準。

比如說，第二次世界大戰的時候，日本男性的平均壽命號稱只有二十歲。但是這種說法是假定今後戰爭會繼續下去，人們會持續受到戰死或空襲等危險威脅所定出的壽命年限。同樣的，計算現年二十歲的年輕小夥子的平均壽命時，也還是拿昭和初年出生，現年六十歲的老人的死亡率去試算。但若是將來日本又發生戰爭，這套試算法馬上就又沒用了！

不只是戰爭，最近有很多人因為操勞過度而導致死亡。另外，我們的飲食生活在戰後也因充斥著有害添加物及人工食品而發生極大的變化。眾所皆知，這些都是致癌的一大原因，甚至有許多添加物在發現有致癌可能後，都一一禁用。這些因素對人類的壽命有多大的影響，不等到現在的年輕人變老，誰也不會知道。

關於這一點，因西丸震哉在其著作《四十一歲壽命說》中有詳細的說明，因此，此處不再贅述。但是對於現在的年輕人將來是不是會長壽，或者會比較短命，這都是眼前所無法說定的。

●左撇子比較短命？

最近因一位美國學者發表「左撇子較短命」的說法而喧騰一時。到底左撇子跟壽命有沒有關係？還有，這裡所說的壽命，指的是生理壽命，抑或是生態壽命？

這項「左撇子短命說」是由加州州立大學的哈魯邦博士跟加拿大哥倫比亞大學的可倫博士等人所組成的研究團體，於美國的《新發現醫學雜誌》提出而備受矚目。其論文的調查結果如下：

這項研究首先將南加州死亡的九十八人，就其日常生活寫字、丟東西、拿湯匙等動作使用哪隻手作調查，並將使用右手跟使用左手作明顯區分。

結果，使用右手的人平均壽命為七十五歲，而使用左手的人則只有六十六歲，明顯的差了十歲。另外，就男女性別來看也得出同樣的結果。男性使用右手的人的平均壽命是七十二歲，使用左手的則是六十二歲。女性使用右手的平均壽命是七十八歲，使用左手的則是七十三歲。

很早以前就有左撇子較之使用右手的人具有較多免疫機能障礙的調查報告。另外，諸如早產或者是出生時體重較輕也都是左撇子普遍具有的特徵。還有另外一項報告也說明左撇子發生交通意外的機率較大。根據這些現象，可倫博士等研究小組推測，並不是左撇子在先天上特別的脆弱，而是因為我們生活週遭的所有事物都是為使用右手的人所設計，因此左撇子必須負擔較多的壓力所致。

在這項報告中，有許多缺乏可信度的推論，還需要作進一步長期的追蹤才能下定論。同時，這項報告中所提出左撇子短命的原因，都並非針對生理壽命而言，指的都是生態壽命。所以，如果一定要說左撇子比較短命，也只能說是左撇子的生態壽命比使用右手的人短，但是生理壽命其實是一樣的。

●老衰死是個體之所以為人類的證明

一般說來，就算是初期死亡率較低的第一型生物，其生態壽命比起生理壽命還是比較低的。野生動物就正常來說生態壽命就比成熟年齡還要低，那就更不用說壽命延伸到繁殖年齡過後的個體。就生態生命而言，人類的壽命較之其他生物而言確實比較高。而生態壽命也漸次接近生理壽命。這就是大半的個體都會活到老化年齡的最主要原因。

對人類而言，能活著見到孫子或是曾孫並不是一件稀奇的事。就其他動物來說，如果只考慮繁殖可能年齡或是生理壽命的話，這也不是一件不可能的事情。比如說沙丁魚只需要兩三年的時間就可以達到成熟的年齡，所以只要活個八年，就能跟自己的曾孫同時生存。實際上，也有十歲的沙丁魚在被捕獲的時候，還具有繁殖的能力。不過這畢竟是少數。

現在的日本人或歐美人的生態壽命跟生理壽命非常接近，所有初生的嬰兒幾乎都能活過更年期，這種情況，其實是非常異常的。為什麼會這樣呢？這是因為人類的生理壽命跟日本所具有的生態條件呈現不同的進化跡象所致。

據說古代希臘人的壽命不超過三十歲。主要原因是因為古代希臘的衛生條件不佳，加上疾病肆虐，因此很多人都在極年輕的時候便死去。但是當時的生理壽命跟現在的並沒有多大的差別，長壽的人應該依舊可以活到八、九十歲。雖說人類從舊石器時代便克服天敵，但是依舊受到人與人之間的征戰、寄生蟲或疾病、以及飢餓的威脅。

生態條件之改變，當推十九世紀疫學發展，克服傳染病，以及二十世紀醫療技術、社會福利衛生條件之改善。曾經有過一項統計，報告日本人或歐美人的平均年齡，在十八世紀之前只有三十歲，但是到十九世紀時，已超過五十歲了。

而現在，歷經第二次世界大戰後整整四十六年，日本未曾經歷過任何戰爭，通常戰爭也是降低平均壽命的主要原因之一。

猴子之間常見的彼此殘殺的比例，比起人類自殺的數據都要來得少。另外，交通事故等意外事件所造成的死亡，比起癌症，又算是少數。

人類的生與死，透過戶籍調查，通常都有詳實的記載。就算是死亡原因，也因為多有醫師開的死亡診斷證明書，所以都很清楚。下一頁所寫的就是依死亡比例多寡所排定的死因統計圖。

死因通常記載的是直接造成死亡的病名、傷害以及災害等等。就算是複數的疾病併發，也有一個特定的問題點，所以還是有很詳細的資料。在各種死因中，有一項是老衰死。這意味著生理壽命終結（但事實上，衰老跟病死並不一定有很大的區別）。這是不可能發生在其

日本人的死因順位（1989年，相當於人口十萬的人數）

他生物的情況。

很多人都會希望能躺在床上壽終正寢，基本上，這是人類才能享受到的待遇（在這裡，我們將養老院或醫院都併入壽終正寢的範圍）。其他動物，都是衰弱後生病死去，或是餓死、受到天敵侵襲而死亡。河井智康所著《看不見死魚的原因》（情報中心出版社）一書提到我們幾乎無法在海中看到死魚，這就說明魚的死因大多是因為弱肉強食。

●世界上平均壽命只有三十歲的國家

生態學在調查野生動物的生存率時，會如下頁圖所示一般，調查年齡別（或者是成長階段別）的死因。我們稱之為個體群生態學。因為野生動物不像人類有戶口可作為依據，加上動物不僅是死亡，有時也可能是行蹤不明，因此個體生態學的調查，通常都只能做到大概的調查。

然而如果僅就可知的死因來看的話，昆蟲除了受到天敵侵襲而死之外，不外乎就是被寄生蜂包圍而死，或是被其他生物侵襲而死，幾乎沒有能夠活到所謂壽終正寢的。

寄生蜂是一種寄生蟲，它們將卵產在其他生物身上，然後將卵的附著體當作是養分的來源，而在卵化生成長時將附著的生物殺掉。就像是異形一樣，產卵的寄生蜂並不直接進入附

野生動物的生存率

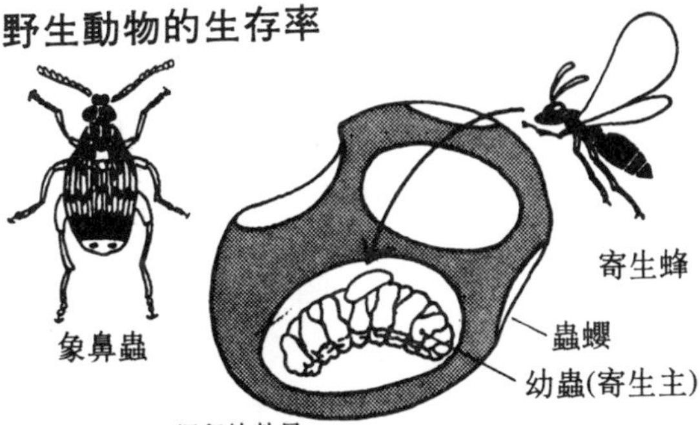

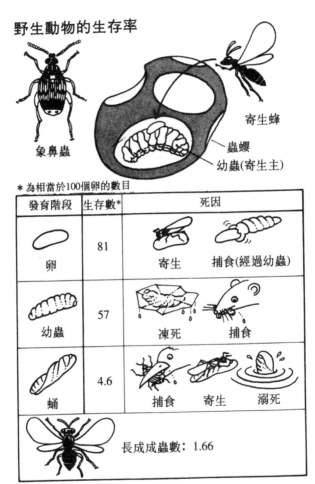

＊為相當於100個卵的數目

發育階段	生存數*	死因
 卵	81	 寄生　 捕食(經過幼蟲)
 幼蟲	57	 凍死　 捕食
 蛹	4.6	 捕食　 寄生　 溺死
	長成成蟲數：1.66	

寄生蜂寄生在形成蟲癭的害蟲（象鼻蟲）的幼蟲上的死因分析。經過卵→幼蟲→蛹的成長過程，大部份都會因被捕食而死亡，能夠長成成蟲的數量還不及兩成。(圖表依據法里所提供的資料作成)。

著生物的體內。在生物學上稱被附著的生物為寄生主(host)。就捕食寄生的情況而言，寄生主是不可能跟寄生者共生共存的。通常都是寄生主殺死寄生者的卵，或是寄生者的後代透過吸收寄生主的養分而慢慢將寄生主殺死。

所有的生物都和死亡比鄰而居。這麼說其實並不過份。或者是受到捕食者、寄生者、病原體的侵襲而喪失生命，或者是從自己的居處被驅逐，抑或是因飢餓喪失抵抗力而死亡。這種時候，別說是孫子了，有太多的生物連自己的後代都來不及繁殖，便已經喪失了生命。

雖然我們將人類歸為一類，但是並不是現今世界上所有國家都面臨高齡化社會。放眼世界，還有三分之一的人口因飢餓而受苦。不管是死因統計、平均壽命或是人口金字塔，都因國家不同而有顯著的差異。

根據一九八五年聯合國世界統計年鑑的調查，阿富汗男性的平均壽命只有三十六・六歲，女性也只有三十七・三歲。西非的獅子國更低，男性平均壽命只有三十二・五歲，女性只有三十五・五歲。

這還是有清楚統計的國家，有些國家甚至連資料都不具備。埃及人的平均壽命男性有五十六・八歲，女性也有五十九・五歲。何況是有些戰亂連連的地區，還有許多人過著朝不保夕的生活。

疾病跟衰老居人類的死因上位，就人類歷史觀之，也並不是最近才發生的事。我們的生理壽命應該是經過生態壽命極短的時期，慢慢進化而到現狀。現今我們的生理壽命因太過急遽的追過平均壽命，使得壽命跟生活條件扞格不入。

●壽命理所當然會有不同

生物的壽命依種類不同而有差異。正如有的生物可以活非常久，如象龜可以活一八〇年，而生活在下水道的老鼠卻可以在數週內長成，但壽命只維持四年。（參照下頁圖示）

生物的壽命即使是在同種裡面，也會因系統不同而有差別。其中原由就在於遺傳之不同。如實驗用的猩猩蠅就曾經受到非常詳盡的研究。而人類也很明顯的有長壽的家族跟短命的家族。壽命分配不均這個冷酷的事實，跟健康狀況因人而異，同為身為生物之人類所無法避免的宿命。

另外，人類的壽命還受到後天生活條件的左右。幼年時期的營養條件跟衛生水準都是左右是否能順利成長的關鍵。這裡所說的後天，包含在母親腹中的成形時期。還有，成長之後的環境，雖不及幼年時期來得重要，但卻對壽命有很大的影響。

生長的環境，跟人所處的階級、時代有很大的關係。雖說「法律之前，人人平等」，但

哺乳類之成熟年齡與壽命的關係

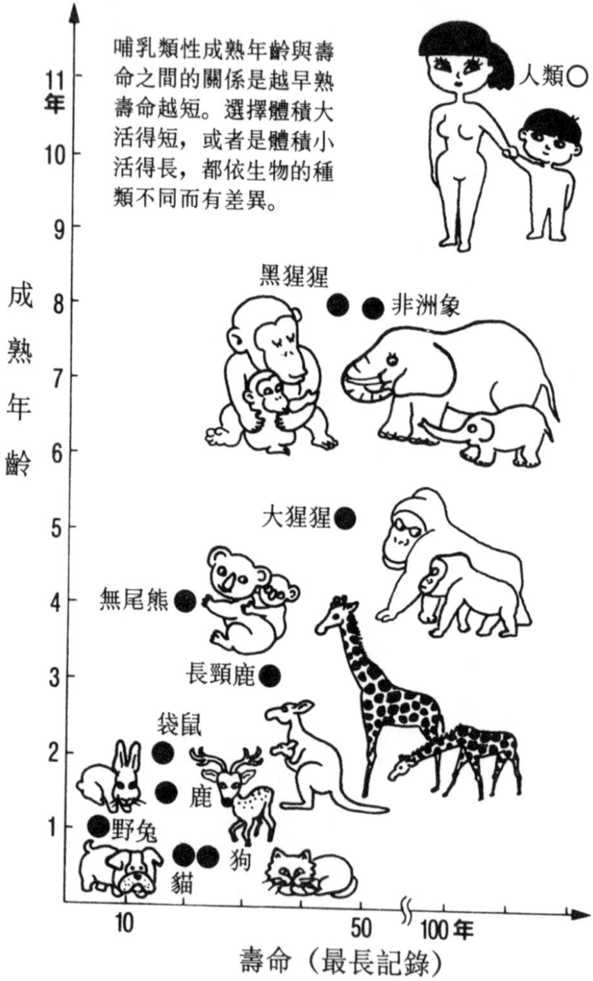

這終究是侷限在「法律之前」，而且這充其量表現的不過是一種理念。所處的階級不同，也許營養條件、衛生狀況、孩子發育的相關知識、受到殺傷事件威脅的程度都會有所不同。雖然我們不能以偏蓋全的說有錢人家的孩子就是比較好命，但是有差別存在畢竟是不容否認的事實。時代，會因有無戰爭、疾病流行等社會狀況，而對壽命造成極大的影響。

●體重越重越長壽？

生物的壽命到底因種類而有什麼不同？如果僅就哺乳類來看，那麼，跟生理壽命關係最深刻的莫過於身體的大小。

五十二頁的插圖所顯示的是哺乳類的體重與記錄中物重最長壽命（生理壽命）之間的關係。一般說來，體重越重的生物有越長壽的傾向，只不過，腦跟壽命的關係比體重跟壽命的關係來得密切。這時候，如果腦的重量一樣，那麼體重較輕的反而會比較長壽。

在這裡要特別聲明的是，這種比較不過是限於種與種之間的比較，並不是所有體重較重的生物都會比較長壽。而且，根據統計，體重重的人會因負擔較大而有早夭的傾向。在老鼠實驗裡，受到飲食控制的老鼠有較長壽的跡象。同樣的，人在成長期雖然需要較多的營養，但是一旦成長之後，假如能夠在飲食上維持八分飽左右，也會比較長壽。

體重與壽命的關係

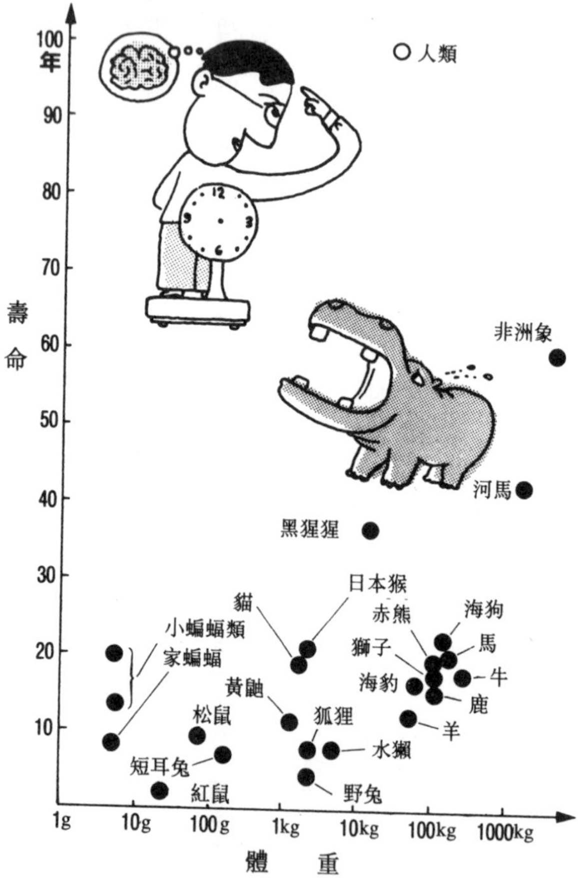

哺乳類中，體重越重壽命就越長。不管是什麼動物，一生中的心跳數都幾乎相仿，這是因為體重越輕的動物，一定時間單位的心跳數就越多。

為什麼體重越重壽命越長？主要是因為單位體重的基礎代謝率越高，老化就會越快。所謂基礎代謝率指的是人在靜處不動時，一定時間單位所可能消耗的能量。基礎代謝率會顯示出血液中所需的氧氣量，因此心跳數越高單位體重的代謝率也會越高。

野獸或鳥類屬於恆溫動物，會自己發熱維持體溫（又稱為內溫動物），因此基礎體溫的代謝率相對的就會比較高。發熱量跟體重互為比例，又因放熱跟體表面積互成比例，所以越是體重輕而體積小的生物，基礎代謝率（比代謝率）就越高，也因此壽命就越短。所以說，此代謝率越高，生理壽命就會越短。通常所謂所有動物一生的心臟跳動數都一樣，說的就是這種關係。

但是，唯獨人類不涵括在這種關係之中。綜觀所有生物體重跟壽命之間的關係，就只有人類比較長壽。比如說體積跟人同等大小的羊或是豬，一般都只能活二十或二十六年，但是人的壽命卻是這些生物的三倍。我們人類，壽命甚至比體積大我們很多的鯨魚還要長。這可用腦的重量來說明其中的關係。腦越重，對身體各部位的感受性就越高，相對的，防止老化的效果就越好。

那麼，像雷龍這種體積龐大的生物又活了多久呢？關於這一點應該聽聽專家的意見。就大小而言，雷龍的體積應該不會比白長鬚鯨大。說到恐龍，過去一直都賦予恐龍龐大而笨重的形象，但是最近由出土的足跡化石可知，恐龍不僅是群居的動物，還自行照顧新生代，事實上是一種知性而敏捷的動物。

如果恐龍像烏龜一樣是變溫動物，也許恐龍就能活得更久。但因恐龍是恆溫動物，而且近來恐龍動作敏捷之說也越趨確立，所以壽命應該不長，大概就跟人類差不多吧！

一般人類所豢養的寵物或家畜，比如說貓或狗都會比人先死。不管多麼小心的豢養這些動物，也都不能違背自然的法則。雖然說鳥類因體積小，所以活得比其他獸類長，但是生命終究沒有人類長。

那麼，體重比人類重的馬或牛又怎麼樣呢?從體重跟壽命的關係觀之，牛或馬應該是會比人類還要長壽的，但是事實上，從來沒見過從我們的祖父輩養起的牛或馬能一直活到現在。照這樣說來，彷彿人類的長壽倒成了一種異象。

正如前述，生理壽命的資料，都是取各種動物間最長壽的數據。因此，沒經過仔細調查的動物壽命，通常都會被估得比較低。相對於此，人類因人口普遍較多，調查工作作得也比較詳實，所以比較容易取得較之其他動物更為長壽的數據。但是因為調查的數量非常少，所以就算是只調查一千個人的生理壽命，都還是能找出活到九十歲以上的人瑞。

如果將人類的生理壽命定在九十歲，跟其他動物比也不會不公平，只是就體重跟壽命的比例來看，人類的壽命還是太長。

諸如此類生理壽命的差別，就等於是遺傳因子所記載的生活史設計的差異。而這些差異，可想而知是由各種生活環境之不同，透過自然淘汰所產生的。

第二章

「老」也是進化

死的進化論

●老化的兩個途徑

生物為什麼會老?這個問題可從兩個層面來談。一個是怎麼老化，屬於生理學方面的問題。另外一個是老化為什麼有利於自然淘汰，這是關於進化方面的必然性問題。若就英文來說，這兩個問題就等於是從"how"跟"why"的觀點去探討老化的原因及過程。下面，就先從生理學的觀點來觀察老化的原因何在。

老化就生理學的定義而言，指的是運動機能、繁殖能力跟生理活力隨著年齡的增加而衰退。主要原因可大分為二。

其一跟無性生殖的老化一樣，指的是體細胞不斷分裂之後，遺傳基因中累積太多瑕疵，從而導致分裂能力衰退。

前面我們曾經提過，構成人體的所有細胞只會分裂大概五十次，成人之後便不能再進行替換動作。但是這並不是絕對的，比如說當我們活著的時候，骨髓細胞就會不斷的分裂以便製造紅血球。哺乳類的紅血球沒有細胞核，也就是說哺乳類的紅血球不具有細胞生存必須具備的設計圖。所以紅血球並不自行分裂，而由存在於骨髓的造血細胞不斷的分裂，補給紅血球。

皮膚的細胞也會分裂。比如說受傷之後，假以時日便會恢復原狀，這便是皮膚的細胞進行分裂，將傷口補了起來，這種細胞分裂稱為再生。不過，再生能力會隨著年齡的增長逐漸退化，當年齡達到某種程度時，一點點傷口都會很容易留下疤痕。這就是一種老化的症候。諸如此類細胞分裂或是再生能力的極限都跟細胞設計圖的DNA儲積太多瑕疵，以致無法製造必要的蛋白質有關。

比如說，假如人體吃進霉菌或者魚肉等燒焦的蛋白質，以及有致癌可能的食品添加物，就會使得細胞的DNA受到傷害而毀損。前面第一章曾經提到過遺傳基因是生物降生之後決定生物個體何時完熟，何時可以傳宗接代的生命設計圖，在這個前提之下，致癌性添加物就像是打翻在設計圖上的咖啡，還有啃噬設計圖的蠹蟲，會讓DNA複製出來的複本，變得模糊不清而難以解讀。當DNA產生瑕疵之後，便無法製造細胞生存所必需的蛋白質，使得應該分裂的細胞無法進行分裂的工作。

高等生物具有某些修復受損DNA的能力。這大概就是一些染色加工或是解讀試算公式的動作。但這時候假如修復工作沒作好，會導致受到修復的細胞產生變化，具備跟別的細胞不同的組織，搞不好這個細胞還會弄亂整個生命系統的運作體制，用另一種不同的版本去運作繁殖。這種不按牌理出牌的新生細胞，便是癌細胞。

從這裡可知，老化的第一要因始於DNA設計圖經過頻繁使用折舊之後，使得未分化細胞的分裂能力降低，從而停止補給紅血球等工作。另一個原因就是已經分裂完成的細胞，亦即成品的老化。

●分裂過的細胞無法還原

第一章提到體細胞跟生殖細胞的時候，我們用了「分化」這個字。這是一個發生學上的用語，說明細胞擔任特定工作的宿命。一個由受精卵出發具有同樣遺傳基因的細胞，會分成體細胞跟生殖細胞兩種不同的形式，發展不同的命運。

細胞分化的分工非常細，比如說神經細胞跟內臟細胞都是同出於一個受精卵，並具有同樣遺傳基因的體細胞，但是不論是就形狀或是機能而言，神經細胞跟內臟細胞都有很大的不同。而且，就算是將一個內臟細胞移到神經中，內臟細胞也不會因此就變成神經細胞。

就像是小孩子在小學的階段潛藏著無限的可能，隨著年級的增長，有沒有實力上大學就會越來越清楚，就算上了大學，學院也有文農理工等科系之分，同理，細胞的種類分工也是一樣的。

有些事可以重新來過一次。比如說考上大學的理工學院，可以因志趣不合再重考一次自己喜歡的法律系或者是醫學系。細胞因具有同樣的遺傳基因，所以已分化的遺傳基因可以再度回到未分化的狀態（此稱為脫分化），然後再分化成具有其他功能的細胞。雖然皮膚細胞不可能轉化為神經細胞，但是細胞性黏膜菌的胞子跟柄細胞，就目前所知，是可以中途轉化的。

下頁的圖是玉埃黴菌這種細胞黏膜菌的生態。如圖所示，這種細胞黏膜菌可分化成各種形態。當食物充足時，它們採阿米巴型的單細胞形態生活，並不斷分裂增加數量（如B、C）。當發生食物不足等環境惡化的情況發生時，細胞就會像D圖一樣聚集起來，變成像E圖所畫的蛞蝓型的多體細胞（偽變形體）並開始移動，然後在適當的地方開始形成像F圖所示的柄細胞跟胞子（子實體）。當細胞集中在D的時候，同樣形態的細胞在行進到E之前會分化成柄細胞（通常聚集在前面）跟胞子細胞（集中在後面），然後在F上會搬運胞子（A）使其發芽（B），從而再次回到單細胞生物的形態進行分化。

在E的階段，胞子細胞跟柄細胞又分為前面跟後面進行染色，甚至是性質也有所分別。這時，若我們將蛞蝓型的多細胞體移進實驗室，將之切成兩半，則很明顯的，前半部具有較多的柄細胞，後半部則具有較多的胞子細胞。但是其中一部份的柄細胞會再分化出胞子細胞，胞子細胞也會再分化出柄細胞直到達成適當的比例，成為兩個新的個體。但是隨著分化時期

玉埃黴菌的生態循環

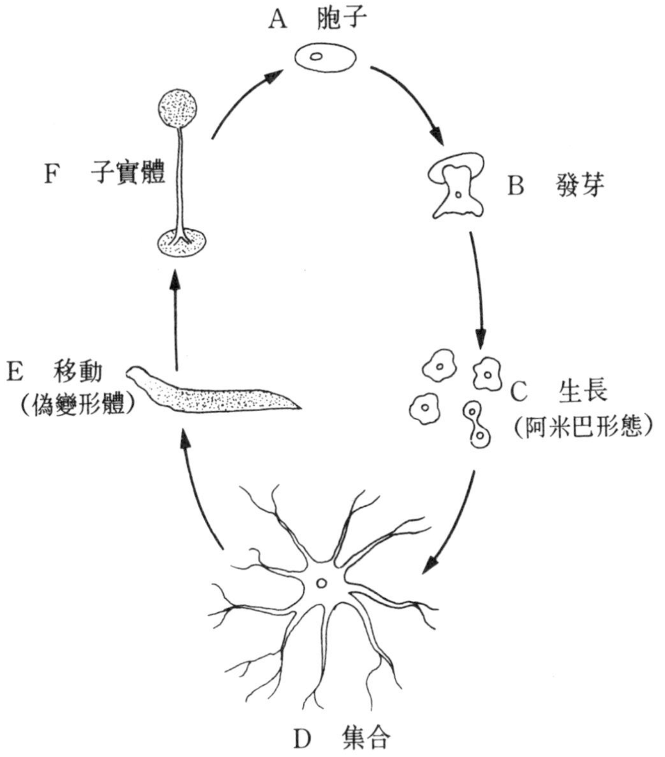

有時是單細胞，有時是多細胞。細胞性黏膜菌具有自由分化成多種形態的特性。而人類癌細胞也同樣具備這種變更細胞天生功能的特性，(參照前田《黏膜菌的生物學》一書)。

漸進到F階段，這時候就算將多細胞分成兩半，細胞也不會再進行分化，柄細胞跟胞子細胞的比例當然就不會自動調整。

如前述，分化的細胞會進行脫分化到一定的階段，並具有再分化的能力。基本上人類體內的癌細胞根據研究也是經過脫分化所產生的，但是因為分裂能力太過旺盛所以破壞了人體的秩序。

●能夠透過體細胞以營養繁殖的方法製造人類嗎？

未分化的細胞因分裂能力非常旺盛，所以會分化成各式各樣的細胞，就像凍結保存，如果讓細胞維持不分裂的狀況，有些細胞就能長久保持。比如說，大家都知道現在科技已經能夠長期保存精子和受精卵。不過，相對於此，卵子似乎就比較難保存，這也是卵子銀行至今遲遲未能設立的原因。既然受精卵已經可以長期保存，也許在不久的將來，會出現新的科幻小說，描寫人類大量冷藏受精卵長達一百萬年，而在這期間重整大環境，以求振興人類世界。

隨著近年來遺傳科學的進步，透過營養繁殖培養生物已經不是夢想。比如說現在的技術已經可以做到完整培育單獨取出的植物細胞。

最直接的例子是不須直接用到遺傳基因，也可以將一個蘿蔔，從一個細胞的狀態，栽培成一根完整的蘿蔔。這就是所謂的細胞工學。關於這一點，京都大學理學院名譽教授岡田節人所著的《細胞的社會》（講談社出版）中有詳細的介紹。

這種植物的無性繁殖，就是一種營養繁殖，不過這種技術尚未成功運用在脊椎動物。目前的技術充其量不過只能做到將非洲蛙胎兒的體細胞核取出，跟其他青蛙的受精卵核替換。

人類成人體內的細胞應該具有完全的DNA，但是取出細胞核跟別的受精卵核替換的技術，目前仍不是進行得很完全。

一般認為這最主要是因為脊椎動物體細胞的細胞核在發生的時候便已完成分化，而在遺傳因子上覆上一層保護膜。也就是說完成分化的細胞裡的遺傳因子並不完全會從RNA轉化成胺基酸，有些會在沒用的狀態下便儲存起來，就像是我們將不看的書打包收進儲物櫃裡一樣。

假如從人類的細胞可以營養繁殖造出另一個人，就可能製造出跟自己年齡有所差距的一卵雙胞胎，但這並不意味著可以造出跟自己具有同樣意識或記憶的分身。不管怎麼說，這多方牽涉許多倫理問題，而且技術上也有其困難之處。

●多細胞生物的二重由來

為什麼營養繁殖只能實行在植物及一部份的動物身上，而不能用在脊椎動物？這也許是跟個體進化過程有差異的關係。一棵樹不一定相當於一個動物個體。多細胞生物原本是在系統進化的基礎上由單細胞所衍生出來的，也有一說是這種進化的途徑，因動物系統的不同而互異。

美國的進化生物學者，同時也是著名散文作家的史帝芬在其著作《熊貓的大拇指》（櫻町翠軒譯，早川書房出版）中提到一個學說。這個說法指出海綿或水螅等都是由多數的單細胞生物群體聚集之後進行機能分化而成，但是脊椎動物的始祖是直接進化成多細胞生物，並不由一個個體的單細胞分化成一個個體。

前面提到細胞性黏膜菌的獨立單細胞生物，會聚集在D的階段。而且，這些聚集的細胞並不限於同出於A階段同一胞子的細胞。如果多細胞生物以多細胞黏膜菌多細胞體的形態進化，則每一個細胞回歸最原點，都具有自力更生的能力。

相對於此，若多細胞生物起源於阿米巴狀的單細胞生物在分裂的時候並不一分為二，而保持一個個體的形態生活，則這本來就是一個細胞分裂的結果，只是將單細胞一個細胞擔負的功能，分給不同的細胞去負責。

提倡這個學說的學者名為福爾・韓森，是人權協會日本分部部長，也是女演員依蝶・韓森的親哥哥。雖然水螅的各細胞有其壽命界限，不過群體（個體）卻可以無限延長生命。這也許跟人類個人會接二連三的死去，但是人類全體的生命卻是綿延不絕的同理。因此，根據這個說法，有一說是植物也是群體起源。

話題有些偏，不過在這裡我們提到的明顯的老化現象、營養繁殖生物的困難，以及多細胞生物之起源為單細胞生物的說法，都是脊椎動物的幾項大特徵。恐怕，關鍵還是在於分化程度的不同。

●細胞會折舊

當我們在思考生物老化的現象時，一般而言，DNA通常都被認為是導致老化最根本的原因。一個個細胞核之中，飽含設計蛋白質所需的DNA，在DNA完整無瑕的條件下，只要條件許可，不管是蛋白質或是細胞，再多都能自行製造補充。然而，老化還有一個重要的原因，那就是已經分化的細胞，會隨著時間的推移而變老折舊。

停止分裂的細胞中，最具代表性的當屬腦或末梢神經的神經細胞與肌肉的細胞。這些細胞在幼童時期便已分裂完成，其後便不斷的死亡，並減少其數量。

一般來說，未分化細胞的分裂能力最強。生殖細胞會無限增殖，讓後代子孫香火不絕。

癌細胞雖然是回到未分化狀態的細胞，但是一部份卻活得比患者還久，而繼續存活在世界各研究室的角落。

相對於此，已分化細胞的分裂能力就顯得比較低。肌肉或神經的細胞是經過高度且專門性分化過程的細胞。因為無法與新細胞替換著用，因此越用就會越舊。這點應該非常容易理解。

會漸漸老舊的部份，並不只有細胞。身體有些部份如軟骨或血管等結締組織通常只做細胞跟細胞之間的聯結工作。這些部份一旦老化，就會變硬變脆弱。結締組織的主成份是一種稱之為膠原質的蛋白質，具有聯結組織的作用。

結締組織一旦老化，細胞不能自行進行新陳代謝的工作，就很難再回到最原始的狀態。尤其是當我們長成大人之後，便不可避免的只有步向衰老一途了。比如說，隨著年歲增長，皮膚上會漸漸形成皺紋，另外，血管硬化會導致高血壓，軟骨消耗過多便容易得關節炎。甚至被稱為是成人病代表的動脈硬化，雖然是因為膽固醇或磷酸化合物累積所引起，但這也是細胞以外的組織老舊所引起的一種疾病。

所謂組織老舊，具體的來說指的是分子的纖維之間會產生交叉結合而失去彈性，導致物理及化學性的變化。交叉結合的形成事實上是非常平常的現象，就算是DNA或是膠原質以外的蛋白質纖維都會發生這種現象。蛋白質遇熱或酸會產生變化雖然跟交叉結合的形成並無直接關係，但是畢竟還是因為交叉結合使分子的彈性或形狀產生變化，才會導致蛋白質遇熱產生變化。

然而，在活著的細胞之中，只要能透過新陳代謝合成新的蛋白質就不會有什麼問題。因此，也有些專家學者認為老化的主要原因起於結締組織上產生的交叉結合。這種說法就稱之為交叉結合學說。

DNA產生瑕疵導致老化的確是一種易懂的觀念，若真如此，則老化將變得與癌症如影隨形。事實上，老化現象是生理活性所展現出來的衰退狀態，其種類森羅萬象，並不一定會跟癌症扯上關係。另外，交叉結合學說認為老化現象進行得非常緩慢，並不是一下子之間就由少年轉白髮的。但是對於前面我們曾經提到過越晚熟的生物越有長壽的傾向這一點，交叉結合學說卻無法給予強而有力的說明。

目前在理論生物學界最受注目的莫過於由RNA製造蛋白質，亦即蛋白質合成系的老化。正如前面也已經提到過，DNA到RNA，RNA再到蛋白質的轉印、拷貝過程並不能保證完全正確。這就像是演員都會背錯臺詞一樣。雖然轉印錯誤的細胞並不像癌細胞會對人體產生不良的影響，但還是會產生極大的麻煩。

在第一章曾經提過，細胞會自行複製自己的設計圖，因為複製細胞的複製系統也含在遺傳基因中，所以，遺傳基因是屬於自我複製系統。而從複製的設計圖，細胞又會製造出本身所必需的酵素。但是只要在複製的過程中產生錯誤，性能便會大受影響，更進一步，假如因為這個錯誤使得複製機能本身受到影響，則複製機能拷貝出來的設計圖就會越來越模糊，從而變得容易出錯。

細胞也完全一樣。在細胞中擔任相當於影印機工作的是蛋白質合成系統，這是以蛋白質為主成份，製造蛋白質的酵素系統。只要在蛋白質合成系統中產生一點錯誤，其後錯誤便會接二連三的層出不窮，並會有加速產生的情況。雷思李・歐格爾將此現象稱為「錯誤後遺症」。

這個學說主張防止老化維持青春是不可能的。比如說，要維持三十歲的肌膚比維持二十歲的肌膚還要花更多的工夫。相信很多人都會贊同這種說法。

●沒有永遠的壽命

老化的生物會喪失生殖及養育後代的能力。不僅限於人類，所有的哺乳類，都會在老化之後面臨更年期。

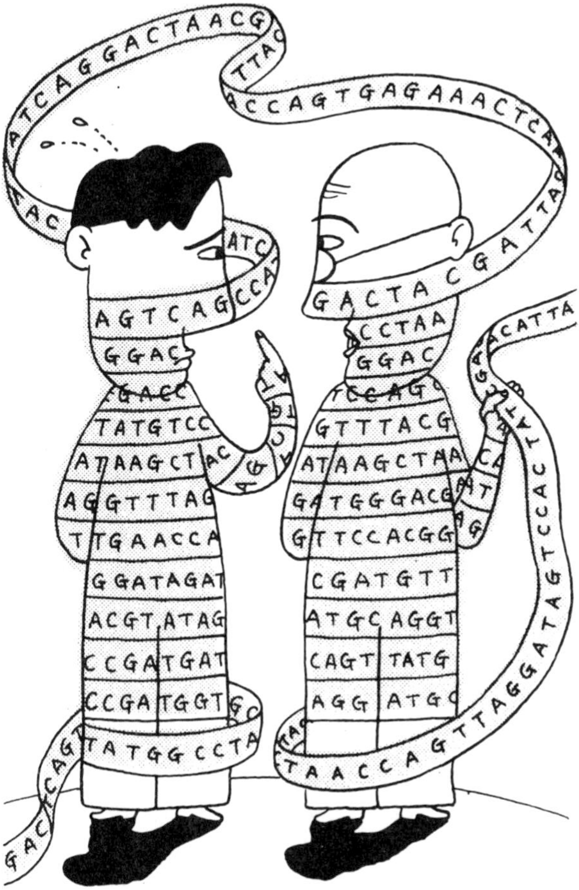

伴隨著細胞分裂所發生的遺傳錯誤初期雖然可以修復，但終將變得無計可施。此為「錯誤後遺症」，生物的老化或死亡，都可由這個觀點說明。

為什麼會有更年期？不管年齡多大都能生殖的生物不是在繁殖後代上佔更多優勢嗎？若因自然淘汰使得生物進化，為什麼老化的問題依然存在？

這本書主要是從自然淘汰的觀點，討論生物為何而死，決定壽命的主要原因又是什麼？乍看之下，更年期怎麼也不會對繁殖後代產生正面的影響，而壽命越長也就越不會遭到淘汰。

比如說這裡有兩隻同樣的野兔。野兔A具有長壽的遺傳基因而面臨十歲更年期的到來，期間曾生過三十隻左右的小野兔。相對的，野兔B具有的則是短命的基因，五歲就面臨更年期，只生過十五隻左右的小野兔。

如果野兔A跟野兔B除了壽命之外毫無其他差異，則長壽的野兔A很明顯的能夠繁殖更多的後代。若用專門用語來說，就是野兔A的適應度高，在自然淘汰上比較佔優勢。因此，經過一段時間之後，屬於A系統較晚面臨更年期的野兔數量明顯的就會較多。

照這種觀點來看，不求不老不死，只要能活到兩百年似乎也是很不錯的。這樣一來，也許有些讀者會不覺對自然淘汰說是不是正確產生疑問。

然而，偏差的並不是自然淘汰說，而是對自然淘汰說的理解。也就是說，前述的錯誤正是出於對自然淘汰說的誤解。

首先，這個疑問不是單單針對壽命而有。只要出現跑得更快的印度豹，獲取獵物的數量比例就越多，既然如此，印度豹為什麼不進化成超音速的印度豹？這種疑問，跟兩百歲的野兔是一樣的道理。

原本，不改變其他性質而僅延長壽命的假定就是不會成立的。進化生物學是站在有一好必有一壞的角度來考察生物的進化狀況。比如說，正如我們在第一章提過的，隨著壽命延長成熟年齡也就越晚，自然生孩子的年齡也就越高。

為什麼長壽就會晚熟？壽命延長一年，成熟年齡就會延遲幾個月的議題，不累積生理學的研究成果就得不到定論。現實上，只延長壽命的假定是不可能實現的。

當然，仔細觀察自然界，從繁衍更多子孫的自然淘汰角度來看，則生物在該老的時候老，該死的時候死，毋寧是非常明確的事實。

比如說有些蛾在破蛹而出的時候便沒有嘴巴，牠的存在不過是為了要交配產卵。而蛾在產卵之後就算繼續進食生存，對繁衍子孫事實上也不具任何意義，因此有嘴巴也是多餘。

較晚成熟的生物，比較上生理壽命也有較長的傾向。這便說明由成長到老的生活史設計受到遺傳的設定。對於人類為什麼比較長壽，野兔又為什麼比較短命的問題，透過本書接下來的介紹，慢慢的應該能夠得到答案。

●「楢山節考」的想法是錯誤的

從進化生物學的角度討論老化現象時最值得注目的是衰老所引起的死亡率上揚，以及年齡到達某一程度時便無法再繼續傳宗接代兩點。高齡產婦可能導致生出來的孩子產生遺傳性障礙的比例不斷增加，但是此點因與本書討論重點不同，故略而不談。

老化跟減少後代子孫繁殖的數量有直接的關係。也就是說，老化現象就表面看來，似乎跟自然淘汰原則背道而馳。但是考量全面性的影響之後可知，老化現象對淘汰也許非常有利。這一點，也是支持自然淘汰說的學者們必須加以具體說明的。下面我們將過去學界所提出的種種假設，包含現今已經遭到否定的說法提出來依序說明之。

首先要提到的便是早就被淘汰的「楢山節考」的作法。這是由十九世紀的達爾文信徒，也是我們在前面提到體細胞跟生殖細胞分化的問題時提到的奧格斯多・懷斯曼的主張。這個主張主要是認為高齡層會消耗壯年層或青年層的食物，因此只要高齡層不存在，便能直接造成種族的繁榮。比如說結集江上信雄博士跟清水博博士對談成書的《老化是否已有設定》（《生命現象的動力》，石井威望等編，中山書局出版）中便認為「楢山節考」的做法是出自於自然淘汰。然而，這跟目前普遍受到認同的自然淘汰說完全無關。

首先，「楢山節考」的做法最具疑點的是當年紀大了，不能像年輕人一般傳宗接代之後就被視為無用的觀念。換句話說，假如年紀已達一定歲數，但卻仍具生殖能力，那就沒必要比年輕人先死。因此，從這裡我們可以判定，「楢山節考說」並不是說明老化現象的假設，相反的，這個說法不過是在說明死亡率增加的現象罷了。

除此之外，這個說法事實上對自然淘汰存有很大的誤解。也就是說，誠如我們前面在第一章所提的，並不是傳宗接代的生存方式有所進化，事實上，進化的應該是追求種族全體繁榮的生存之道。

高齡層的確會消耗掉青年層的食糧。如果這種說法認定高齡層只會消耗掉自己家族中壯年層的食物，則這種說法跟自然淘汰說不會產生矛盾。的確，透過老人的自我毀滅行為，的確可以保住家中年輕一輩的糧食。這種行為有利於繁衍跟自己的遺傳基因有相同血緣的後代。但事實上，「楢山節考說」並不注重年輕一代是否跟高齡層有血親關係。大部份的想法都是在有利於繁衍種族的考量下，犧牲弱勢的高齡層。

對年輕一輩來說，不管老人跟自己有沒有血親關係，將只會消耗食物的老人棄置山野的確是有利於淘汰原則，也許我們可以說，在非人的角度上這種做法是適用於淘汰原則的。但是，這並不會帶動老人因老化而提高死亡率。

如果為了不減少血親的食糧，年老的個體都會變得易死，那麼在親子不共同生活的生物之中，便不會發生高齡個體死亡率增加的情形。因為高齡個體增加的死亡率雖然有利於身邊的年輕一代，但卻不會對繁衍子孫帶來任何正面的影響。

這才是克服對全體主義之誤解所能歸納出最正確的自然淘汰說理論。

然而，對於完全沒有親子之情的動物，或是對出生到成長之間一定會離群索居的雄性日本猴而言，老化跟高齡層死亡率的增加是眾所皆知的事實，自然不甚合理。

關於對「楢山節考」之批判，日高敏隆著書之《利己之死》（弘文堂）中有詳細的說明。

●少年不養生，老大徒傷悲？

下面要討論的是一九五二年由英國彼得・梅德爾所提出的主張。

在自然界中，生物能夠活到喪失生殖能力年齡的個體可謂幾稀。大抵不是為天敵侵襲而死，就是遭遇事故而在中途喪失生命。既然很少有生物是長壽的，就沒有太多必要為長生不老做準備工作，因為這就像是存一筆根本用不上的錢一樣，根本就是白費工夫。因此，自然淘汰主要的運作僅限於年輕的時候，而不在老化之後作用。

將這個主張做更進一步說明的是美國的進化生物學者喬治威廉斯在一九五七年所提出的

「多面發現形質淘汰說」。在說明這個主張的內容之前，必須先解釋何謂「多面發現」。

遺傳基因身為生物設計圖及生命腳本，彼此間互相關連，一個遺傳基因跟其他複數部份的設計都有著密不可分的關係，因而多方影響到生命的各個層面。比如說，假如遺傳基因中含有低血壓的遺傳成份，則會連帶的導致早上不容易起床，猶有甚者還會造成輕重不一的貧血，影響到生理其他的兩個部份。

雖然一個遺傳基因有一個表現形態（設計生物的形狀或生活史）的說法讓遺傳因子簡而易懂，但實際上卻並不如此單純。比如說，同一個遺傳基因製造出來的蛋白質讓個體在年輕的時候早熟，但相對的卻也絕對有可能在年歲漸長之後加速個體老化的速度。

尤其是老化現象跟許多遺傳基因有極為密切的關係，同樣的，一個遺傳基因的突變，也會對個體在形質上造成多方的影響。當一個遺傳基因影響到複數的形質時，就稱為「遺傳基因的多方發現」。當多方發現的遺傳基因發生突變時，基因本身並不一定會在淘汰的前提下將突變導正。正如前述，當突變發生且繁殖能力增強時，隨著繁殖力的提升，危害到繁殖後母體的「二律背反關係」，就稱為「制衡(trade off)關係」。這種關係無法一一據實以證，但可於普遍現象中見其一斑。

這時，若將前面提到的梅德爾的說法與此合觀，可知對少年期及高齡期造成影響的多面發現遺傳基因如果在少年期提高其繁殖能力，降低高齡期的死亡率，則少年期在淘汰上便相形重要，而造成高齡期的老化始於少年期遺傳基因作用的進化模式。

「多面發現形質淘汰說」跟「楢山節考說」不同的地方在於高齡個體不是因為考慮到年輕一輩的生存而死亡，而是因為年輕的時候不重保養，在體內儲積太多負面因素而導致老化。也就是說「多面發現行質淘汰說」避開了「全體主義」「犧牲小我完成大我」的誤解，正確的植根於自然淘汰說進行論述。另外，相對於「楢山節考說」因高齡個體生殖力降低所以死亡率提高的論點，以多面發現遺傳基因的存在為前提來說明高齡個體生殖力低下的論點也是一大不同。

雖然多面發現遺傳基因對年輕時繁殖及生長的促進，及高齡期繁殖力的降低和死亡率增加會產生影響的事實目前沒有實證，亦未遭到否定，但是這不失是一種易懂的說法。因此，威廉斯的假設，可為說明老化現象之進化學說之一。

●一生中價值最高的年齡是幾歲？

同為英國進化生物學者的威廉漢靡爾頓，在一九六六年以工蜂或工蟻不自己繁殖後代為例，從較為不同的觀點探討衰老的進化，而被譽為是世界的進化生物學界中頭腦最大的學者

（他的頭真的很大）。在說明他的學說之前，必須先提出「繁殖價」這個生態學的概念，並用算式表示出來。

如圖所表示的是代表年齡的x及代表生存率的l_x，和X歲時的繁殖率m_x跟X歲時的繁殖價V_x。l_x如前面所提代表生存曲線，m_x是年齡到X歲時存活個體所繁殖的後代數目（的期待值）。繁殖價V_x屬於生態學的專門用語，這是活到X歲的個體將來能夠集中留下多少後代的指標。在這裡最重要的莫過於「繁殖價」這個觀念。

如下頁圖上所示，現代日本人因所生子女多會活到長大成人，因此繁殖價一開始就很高，換句話說，因為少產的關係，所以繁殖價一直要到這些孩子長大才會開始減少。這種情形，是有生命以來前所未聞的。

相對於此，圖下的草本植物（花葱）在成熟以前的階段，繁殖價會隨著時間而上升，而在成熟期的三百天左右達到最高點。

對生態學或研究人口的學者專家而言，繁殖期中途減少並不是可以輕易接受的狀況。下面我們將針對繁殖價的導向做說明。不喜歡算術公式的讀者可以跳過這一段不看也沒關係。

生存率l_x是由X歲時一年的死亡率q_x所推算出來的。

生存率與繁殖價如何變化？

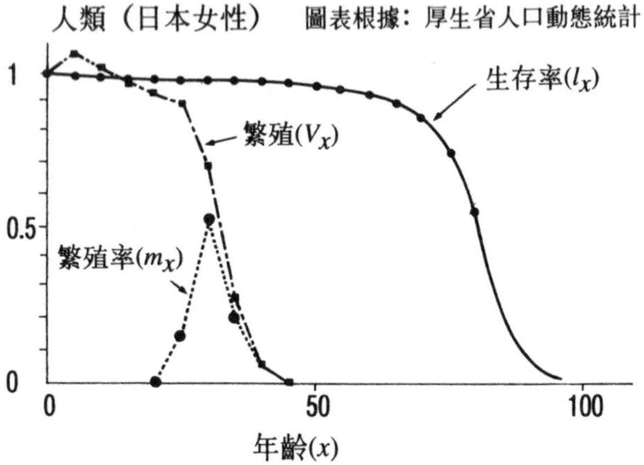

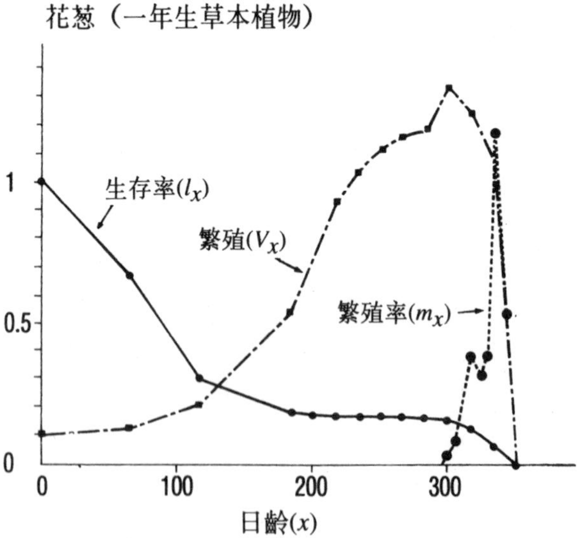

$$l_x=(1-q_0)(1-q_1)\cdots\cdots(1-q_{x-1})$$

活到 t 歲並不斷繁衍子孫到死所繁衍的後代數的期待值 V_t 可由下列公式表現：

$$V_t=\sum_{x=t} e^{-r(x-t)} l_x m_x / l_t=\sum_{x=t} e^{-r(x-t)}\left[\prod_{y=t}^{x-1}(1-q_y)\right] m_x$$

e 是自然對數的底數，r 是馬爾薩斯係數（人口增加率的對數值）。V_t 表示繁殖價。繁殖價中途開始減少是因為人口未來將漸漸減少，而未來將成為大人的孩子的人口將佔人口全體較高的比例。這就是人類特有 r 呈現負值，未成年人口死亡率極低的現象。

野生動物的期待值 V_t 會在開始繁殖前達到最高點，一旦到更年期便降低到零。出生後的幼體死亡率非常高，因此留下後代的機率便相對的低下。相對於此，有幸活到成熟期的個體因可以確實繁衍子孫，因此繁殖價都很高。

可想而知，經過年齡別繁殖率 m_x 跟死亡率 q_x 自然淘汰的作用，產生剛出生個體的繁殖價 V_0 較高的進化結果。假設死亡率 q_x 無法在某方面只降下 x，則降低年輕時的死亡率比較能夠得到較高的繁殖價。

根據這項漢靡爾頓說，就算不談多面發現，假如年輕時的繁殖率 m_x 與死亡率 q_x 在高齡之後產生某種制衡關係關係，則梅達瓦說明老化的論點可以成立。更進一步，如果從某一程度的老化狀況出發，則可說明自然淘汰越來越有促進青年期生存率上升跟高齡之後繁殖率增加的傾向。

然而，漢靡爾頓說以改變年齡別死亡率 q_x 的突變為前提，如果真的沒有老化，則 q_x 不管在什麼年齡都會維持一定，因此假如這個學說不從生物學的角度去討論 q_x 改變的架構，則此學說不能稱之為完美。

●該努力維持青春到幾歲？

要回答這個問題，必需具體從生理學去探討老化的原因。正如前面提到歐格爾的「錯誤後遺症 (error-catastophe)」學說時提到，去除新的生理障礙保持青春永駐需要花費成本，這在後面我們會再做更詳細的說明。總而言之，不管是及早成長及早生孩子，或是為了保持青春而將生孩子的事情延後，兩者都會呈現一種 trade off的關係。這一點的說明，比多面發現更顯而易知。

英國國立醫學科學研究所的湯馬斯卡格伍多利用歐格爾的「錯誤後遺症」學說，在理論的層面上檢討了各年齡層為維持青春所作的努力和成長所必需付出的努力兩者的分配關係。下圖就是其概念圖。根據其檢討結果可知最適合繁衍子孫的時期如下。當身體未達繁殖年齡時，體細胞會致力於修復身體所產生的生理障礙，換言之，就是努力保持青春。但是，一旦開始繁殖，體細胞便會將重點由維持青春轉移到繁殖，從而全力以赴盡力多留下子嗣。只是生殖細胞開始累積生理障礙的時候，就必需避免從事繁殖活動。也就是說，在繁殖開始前努力節制，但只要繁殖期一旦開始，便奮不顧身的努力繁殖。

將自年輕的細胞中取出的細胞跟取自於衰老個體的細胞在同樣的條件下用試管培養，則年輕的細胞可以活得比較久。這是很早以前便得知的結果。

蛋白質合成系中存在一種跟DNA修復突變功能同樣，可以修復發生不久的生理障礙的機能。這個修復機能，一言以蔽之，可以將之稱為是維持青春的機能。生物之所以能保持青春，都是仰賴這個機能的作用。但是這個機能就算是能夠去除發生不久的生理障礙，對於已經積存在體內的障礙卻無法發揮太大的作用。這是因為「老化」無從防止。

根據「錯誤後遺症」學說，生理障礙會像滾雪球般不斷衍生出來的，因此老化的速度也會越來越快。當障礙囤積越多，蛋白質合成系的性能就會越差，這時候便會越不容易壓抑障

青春與老化之收支比較

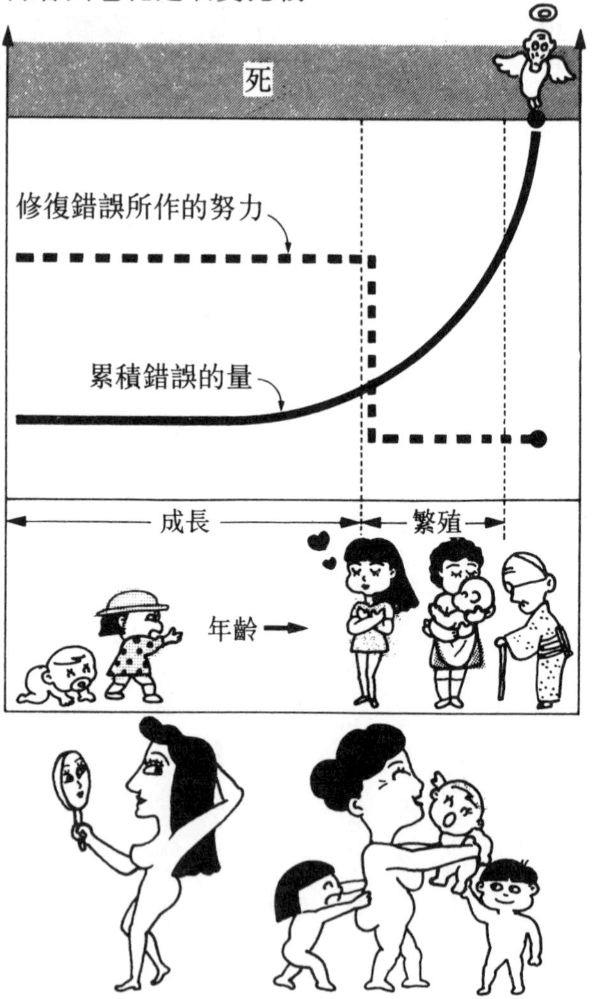

礙的產生。這跟人工製品是同樣的。電氣製品在剛出廠的時候，就算是有一些故障，都會很容易就修復，但是只要一旦累積過多的故障，就算是送去修理也會很容易再損壞，怎麼修也不容易修好，徒然浪費維修費用。生物的身體就跟機器一樣。

生活史的設計就像是儲蓄跟浪費一體兩面的計劃。據說江戶時代的富商紀伊國屋文左衛門，曾經因費盡九牛一虎之力將紀州的橘子運到江戶而大發利市。另外也曾因木材生意而賺進大把鈔票，但是到死時，卻是用得分文不剩。

生物的生活史設計在剛開始的時候都是小心翼翼不讓身體受到一點傷害直到成長。也就是積存某種程度的生命財產之後，便開始大舉的散財（就生物而言便是繁殖），極盡能事的繁衍最多的子嗣。就好比做生意，如果一步一腳印從事穩當的生意，也許假以時日便能存到某一程度的財產，但是難保不會遭遇盜賊而一無所有。反正既然不敵盜賊，那就不要管生意的風險，趕快將錢財賺進荷包才是最明智的。生物的設計史就類似於這種設計。

●什麼是左右成熟年齡的要素？

正如壽命依生物種類之不同而有差別一般，各生物的成熟年齡也大不相同。現在的孩子比前世代的孩子早熟並不是進化的產物，而是營養條件改善，吃進太多加了荷爾蒙的肉品，所以說是後天的結果。但是，只要環境改變了，自然淘汰便會引導成熟年齡產生先天性的變化。比如說人類的成熟年齡較之猩猩或狒狒還要來得高，就是因為兩者之間的環境條件不一樣，各自進化之後所產生的結果。

首先，我們單純的假定出生之後成長比率是一定的。那麼什麼時候開始繁殖就可比喻為銀行的定期儲金。假如十年有百分之五十的利息（加上本金將有一・五倍還本），以複利計算則二十年將有百分之百的利息（二十年有百分之一百二十五的利息，加上本金將有二・二五倍的還本），因此，成熟越早便能越早繁衍子嗣，進而留下最多的後代。換言之，就自然淘汰的觀點而言，這是極為有利的。

根據將進化生物學視為適應萬能論的英國理論生物學者理察魯威頓所言，「景氣」當紅的生物，不斷繁衍個體數，跟複利同理，在淘汰的層次上，早熟是非常有利的。

然而一般的生物並不是直線成長的。雖然孩童時候的成長非常快，但是一旦長成大人之後，成長率便開始呈現鈍化的跡象，而無法超過現有的體積。這種關係就正如下圖，這是著名的一般系統論提倡者貝爾達藍費所提出的的成長公式。

當身體還繼續在成長的時候，身高會加速度的增加，但是這時並不需要急著繁衍後代，等到個體完全成熟再繁殖，在自然淘汰的層次上毋寧是比較有利的。但是相對的，當身體的

具爾德藍費成長公式

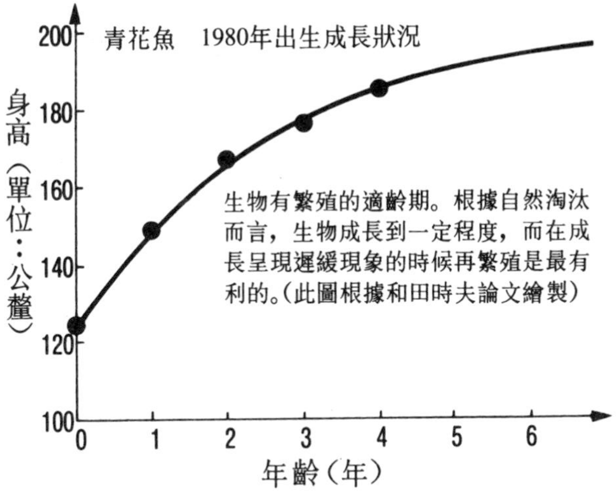
青花魚　1980年出生成長狀況
身高（單位：公釐）
200
180
160
140
120
100
0
1
2
3
4
5
6
年齡（年）
生物有繁殖的適齡期。根據自然淘汰而言，生物成長到一定程度，而在成長呈現遲緩現象的時候再繁殖是最有利的。（此圖根據和田時夫論文繪製）

不趕快生孩子的話會……

成長到一定程度後便會開始鈍化，因此這時開始繁殖應該是比較有利的。

事實上，並不是只有成長的鈍化才是必需盡早繁殖的原因。本書的中心主題「死亡」也是必需盡早繁殖的原因之一。不管繁殖率多高，如果母體在繁殖前死亡就沒戲可唱了！基於這層理由，生活史便設計讓死亡率越高的生物提早繁殖。

那為什麼人類比狒狒晚熟？事實上，人類不只晚熟，成長的速度還遲得恐怖。雖然猿猴類都有這樣的傾向，但是人類又是有過之而無不及。就自然淘汰而言，從不曾將繁殖期放一邊，而獨將成長速度加快。那麼人類成長較慢又得到什麼好處呢？

●維持青春需要耗費成本

人會為了保住青春做肌膚保養，同樣的，生物的細胞也會為了防止老化而作種種的努力。假如不注重保養而像牛馬一般的工作，也許可以有很大的工作成效吧，不過，長生不死是絕不可能的。然而，相對的都不工作只注意養生，也許可以延年益壽，但卻會怠慢了工作。

生物也是同樣的。將這個情況用在生物身上，則工作就等於是繁衍子孫。不致力於維持青春而加速成長的速度，也許可以提早傳宗接代的工作，但是相對的，因為壽命有限，所以能留下的後代的數量也非常有限。

相反的，假如延後成長的速度，則壽命相對的會比較長，這樣一來就可以期待在長長一生中留下較多的子嗣。這真是一種路不轉人轉的想法。不過，話說回來，就算是費盡九牛二虎之力加快成長的速度，提早傳宗接代的速度，假如好不容易生下來的後代子孫不敵天敵的掠殺，或是因事故而死亡，那麼所有的努力就都白費了！

加快成熟的速度，或是致力維持青春，這兩者事實上呈現二律背反的關係。長壽是早熟的相對概念。生物壽命的短長決定於生物是應該小心翼翼不讓自己受到傷害，盡量活得長一點以繁衍更多的後代子孫，或是應該不顧任何危險而提早成熟的速度以便盡量留下最多的後代子孫數。人類的進化結果便是壽命的延長。

這種說法並不是假設的新見解。自古，便有晚熟比較長壽的經驗談。曾經有一位歌舞伎的長者提到長壽的祕訣時說：「最重要的是不要太早與女人交歡。」就他自己個人的經驗而言，他第一次跟女人接觸是在十二歲的時候。（十二歲算晚嗎？不對吧！）刻意延後繁殖的年齡是否能導致長壽目前並不清楚，但是就前面第一章所提到的，將所有生物作比較之後，的確可以發現晚熟的物種的確有比較長壽的傾向。

如果可以一方面維持青春，一方面又能早熟，則這真是繁殖子孫再適合不過的條件了。事實上，只要營養條件夠好，就會比營養條件不好的情況更早熟且長壽。就像是現在的日本人就比以往的日本人還要早熟且長壽。只是在同樣的營養條件下，要選擇早熟而短命，或是晚熟但長壽，抑或是要選擇中庸之道，都是自然淘汰的重要課題。看起來，人類較之其他哺乳類似乎是選擇了長壽但晚熟的進化程式。

●不死之身跟不老不死

在前面第一章曾經提過，人類的生態壽命跟生理壽命較之其他生物長得多又多。遵循本書所論之自然淘汰說觀之，則生態壽命跟生理壽命是不可分割的。就是因為生態壽命延長了，晚熟的生命程式才能在自然淘汰的層次上佔到優勢，因此我們可以推測，這是人類致力於維持青春，使得生理壽命延長的結果。

但是相反的，就算是猴子跟人類一樣晚熟且長壽，但是因為受到天敵或飢餓等外在因素的影響而在開始生殖前便死亡（此稱之為「外因性死亡率」）的危險性極高，因此在淘汰的層次上非常不利。因此，外因性死亡率較高的生物其進化路徑通常應該都會傾向於成長較快，從而繁衍較多的後代。

如果用生存曲線表現不死的概念，則會有兩個解釋。一個是生存律不管是活到幾歲都是百分之百，每個人都能夠長命百歲。一個是生存曲線雖然有向右下方傾斜的傾向，但是不會

確保子孫繁衍的兩大戰略：晚熟而繁衍有限的後代，但是用心照顧。或是早熟而盡量繁殖數量較多的後代。在這之間，存在著「成熟年齡」與「繁衍數量」兩者兩律背反的關係。

降到零，不管怎麼樣都會維持一定的生存率。我們將前者稱之為「生態之不死」，後者稱之為「生理之不死」。

生態之不死意味著不管是遇到什麼樣的天敵，或者是什麼樣的疾病及飢餓，都不會受到影響，也就是我們平常所說的「不死之身」。相對於此，「生理的不死」指的就是只要不遇到天敵等外在因素的侵襲，就能夠永保長生的「不老的生命」。

如果為了取得生理的長壽與不死而減緩成長的速度，也因此減少可繁衍的子孫數量，則在高外因性死亡率的威脅下，不老長壽在淘汰上並不佔絕對的優勢。很早以前就有人提到，為了讓自己長壽所以十年才生一個孩子，跟壽命只有十年，但是卻在十年間生下三個孩子，就淘汰的觀點而言是完全相同的。所謂雞（身體）是生蛋（遺傳因子）的道具正是這個道理。

這是拉蒙寇爾在一九五四年提出的主張。用比較詳細的說法來說就是孩子接受父母親各一半的遺傳基因，因此相對於孩子，一個父體或母體等於具有兩個孩子的價值，所以假如壽命只有十年，如果能在這十年間生下三個孩子，就等於自己可以不死而且還能多留下一個孩子。不管怎麼說，永生跟長壽就自然淘汰的層次上來說，並沒有大書特書的必要，因為這跟傳宗接代根本就是同樣的事情。

●氧氣會加速老化

雖然我們說人類的壽命延長了，但事實上，這應該是我們的身體在我們不自覺的情況下，不斷進行著延長壽命的努力。但到底努力了些什麼呢？其中之一便是人類的SOD活性較之猩猩或狒狒明顯的有較高的傾向。

所謂SOD是SUPEROXIDE DISMUTASE的簡稱，這是一種具有緩和體內氧氣毒性作用的酵素。氧氣對人類或其他生物都是不可或缺的重要物質，然而，相對的卻也是毒性非常強的劇毒。

「什麼！氧氣是劇毒?!」一定會有很多人覺得不可思議，因此，在這裡，我們要針對氧氣的毒性作說明。

現在我們所生存的地球上瀰漫著大氣，也就是平常所說的空氣。這層大氣是由氮氣、氧氣和氬、二氧化碳所構成。其中氮氣佔百分之七十八，氧氣佔百分之二十一，而二氧化碳則佔百分之〇・〇三。然而，在四十五億年前地球剛誕生的時候，大氣層中大部分卻都是二氧化碳（佔百分之九十五以上），剩下的百分之二～三是氮氣，氧氣的存在是少之又少，幾乎可以說是沒有。

從這裡開始，我們得復習一下地球學，希望各位讀者能跟著我們一起回顧。跟金星、火星同樣充滿著二氧化碳的地球，在將二氧化碳變成今天充滿肉眼所看不見的空氣之前，經過一段極為漫長的時間。最後，原始的岩石凝縮出水分變成大海，在這之間二氧化碳跟岩石中的鈣結合，成為石灰堆積在海底，大氣中的二氧化碳才慢慢減少。

這時候地球首次的生物，也就是厭氧性的細菌（就算是沒有氧氣也能生存的細菌）誕生了。從這種細菌體內產生吸取二氧化碳從而合成有機物（此稱為碳酸同化作用）的生物，加速了減少二氧化碳的速度。緊接著出現了利用太陽光行使光合作用的生物，藉著光合作用釋出氧氣，於是大氣中氧氣的成分便越來越多。

然而，就是在這時候，生物界卻起了大變化。隨著氧氣的增加，原本繁衍的非常活潑的厭氧性的細菌面臨了生死存亡的關頭。而其罪魁禍首，便是活性氧。氧氣會因來自太空的宇宙光跟紫外線等的作用而轉化為活性氧。活性氧會破壞細胞，因此假如當初生物不是找出防禦活性氧的方法，很可能今天地球上所有的生物都已經絕種了。

活性氧具有強力的殺傷力，但是最近發現一種SOD酵素，具有將細胞內有害的活性氧轉化成無害的機能，可以保護人類不受到活性氧的威脅。

細胞接受的氧氣的一部分，會因為XOD等酵素的作用轉化成為活性氧。而活性氧也可以因紫外線的作用，在自然界中不斷生成。這些活性氧平常會分解細胞所吸進的有害物質，具有殺菌的功效，其他的都會經SOD酵素的轉化而成為無害的物質。但是一部分沒有經過SOD酵素轉化的活性氧會傷害正常細胞，假如這些傷害日積月累，就會對個體機能造成不良影響。這就是老化的原因之一。

●人類跟猴子，孰者努力防止老化？

人類因體重較輕，新陳代謝的頻率也較高，所以壽命就比較長。但是正如下圖所示，假如將SOD活性值用比代謝率去除，則可知人類和其他猿類壽命的關係，正處在同一直線上。也就是說，人類較之其他猿猴類具有較高的SOD活性，也因此人類的生理壽命就比較長。

假如SOD活性可以無條件提高，則其他猿猴類應該也可以提高才是。雖然這方面到目前仍有待更進一步的探索，但是，從現在的狀況可知，要保持高SOD活性，似乎必需付出制衡(trade-off)關係的代價。若真如此，則可知人類不僅努力超越其他猿猴類的成熟年齡，同時也不斷的提高SOD活性。而提高SOD活性成效，就是防止老化。

換言之，人類為了防止老化，進化上就自然將成長速度延遲。也許SOD酵素只不過是人

防止老化的ＳＯＤ活性與壽命的關係

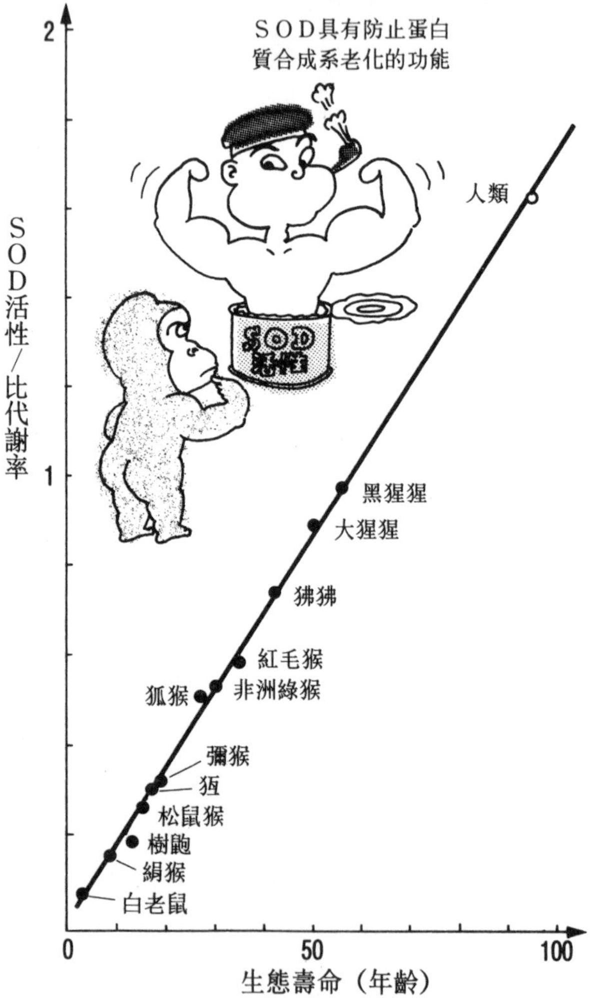

類體內眾多防止老化的功能運作之冰山一角，其他一定還有許多功能在為人類努力。

目前因較重視從學術的立場上去討論「老化」為何，因此老化研究熱中比較人類與其他動物老化的相異，而較少去調查各生物為維持青春所作的不同努力。

然而，老化為複合現象，所以長壽的人跟短命的老鼠老化的狀況當然就不一樣。比如說老鼠的腦神經細胞會先老化，但是換做人類的話，則是結合組織會先老舊。但是這並不是人類長壽的原因，也許這不過是壽命延長的結果罷了！

晚熟的生物在防止老化方面所付出的努力比早熟的生物多。引用前面所用的比喻就是早熟的生物並不妥善的保存生命設計圖的正本，所以即使設計圖有一些污損，早熟的生物也不會在意，還是繼續生命的運作。

這麼說來，比起其他猿猴類，人類又為什麼要延遲成熟的速度去防止老化呢？這一點可以從兩者生活環境的不同來作說明。

●更年期是為了延長壽命而有的嗎？

我們人類在還是北京人的遠祖時代，就已經知道如何防禦天敵，保護自己。東京大學人類學教室的青木健一助教授所著《利他行動的生物》一書中提到曾經有人發現到受到疑似豹或其他猛獸侵襲痕跡的頭蓋骨化石。

受到天敵威脅死亡的危險性在猿猴之中也幾乎消失無蹤。猿猴們不時審慎的防著天敵，遇到猛獸侵襲時則動員全體族群對抗，因此，天敵對猿猴的威脅也就降到最低。

根據對日本猴的調查可知，猴子在族群中因受到天敵侵襲導致死亡的機率幾乎是少之又少，大部分猴子都是死於同族群之間的鬥爭。猴子的壽命並不比人類長，即使是跟人類一樣得以活過更年期的母猴，也都非常稀少，更何況，這種情況真的是比人類少得多。當然，母猴都這樣，那就更別說是不太長壽的公猴了。為什麼會這樣呢？

有一個極為適當的說法說明更年期對延長母體壽命有極大功效。但是假如母體無法繁衍後代，則更年期延長母體壽命就自然淘汰而言實在不甚有利。相對於此，有一說則認為延長母體壽命對於生養後代的猴子是有利的。杉山幸丸教授也在《猴子為什麼要群聚而居》一書中也提到這個說法。

不過，人類在更年期過後到生理壽命結束之間假如只是養育下一代，則這段時間又嫌過長。因為假如家畜或寵物等活在不受天敵威脅環境下的動物都能活到更年期，那麼「更年期是為了養育兒女」的說法當然不攻自破。這個論點早晚會經由實驗證明。

原本野生動物就鮮少能活到更年期，光就這一點來看，就能知道人類的壽命其實比野生動物來得長。當然「老化」是不可避免的，即使像章魚或是墨魚等無限成長的生物，還是受到種類的限制，不是全部都能無限制成長。鳥、獸、昆蟲等只要長到一定程度就不會再繼續成長，這跟人類長到一定身高便不會再長大是一樣的道理。唯獨例外的是，除了人類之外，大多數的生物都不會活過更年期。

這並不是因為人類的更年期來得早。人類迎接更年期的年齡在性器官成熟年齡三倍之上，因此得以繁衍後代子孫的時間也非常的長。而其他動物不能活過更年期，最重要的原因還是在於其他野生動物的死亡率較高，幾乎大多數的生物都會在更年期到來前死亡，這一點，連一般認為死亡率較低的猴子也不能倖免。

●早熟好還是晚熟好？

猴子，並不是一生都過群體生活。比如說日本猴，年輕的日本公猴一定會離開生長的群體侵入其他的群體。這些侵入其他群體的公猴死亡率因不易追蹤調查，因此不是很清楚，但是一般認為，其死亡率應該不低。

人類的祖先過的也是遷移在各族群之間的生活，只是人類的族群轉換不過是短時間，大部分的時候，人類還是不能離群索居，也因此，造就了人類終其一生能夠避開天敵威脅的生活環境。

問題是，當克服天敵降低外因性死亡率時，延遲成熟年齡，致力於保住青春就自然淘汰觀而言是否就真的有利？關於這一點，目前仍無直接的實證與研究。若要證明這項說法，就必需具體的解明老化的組織架構。因為如果保持青春可以導致提早成長的結果，那麼就自然淘汰的觀點而言，這當然是非常有利的。

維持青春跟早熟兩者之間維持著改善其一，另一方面隨之產生負面作用的制衡關係。因此，在早熟的個體徹底使用生活史設計圖之遺傳基因之後，便會加速老化。假如沒有這種關係，則這個說法便會受到否定。但是相對的，就算有這種相對關係，也無法定量的去計算，因此，還是無法確定外因性死亡率低下是否會造成生物進化為晚熟生理形態。

不過，反過來說，假如上述的假設正確，則生物應該會顯現出外因性死亡率低的生物生理壽命越長，而生理壽命越長就越晚熟的傾向。又，如果在實驗室中分別飼養外因性死亡率高跟外因性死亡率低的生物，則經過幾代之後，前者存活的應該是早熟且短命的系統，後者則為晚熟且長壽的系統。假如這個事實證明這個假設是錯誤的，那麼這項假設也就不得不被否定。

最近英國的年輕學者麥克羅斯利用蒼蠅進行了一項實驗。麥克將實驗分為兩個系統進行，

A系統所飼養的是年輕時便產卵，且第二代也同樣在年輕時便產卵培育下一代的蒼蠅。相對於此，B系統所飼養的是老年才產卵，同樣的第二代也在老年才產卵並培育後代。藉著這項實驗，麥克經由比較A、B兩系統之差別，觀察兩者是否會出現壽命長短之差別。

這個實驗中，A系統，也就是年輕時產卵的系統呈現生理壽命較短的現象。如果這是因為A系統的蒼蠅原本是活在天敵等外因性導致死亡率較高的環境下，則本書所提到的假設便因此得到有力的證明。

這項假設顯示了生理壽命和生態壽命的關係。假如生理壽命是與生俱來，依物種不同而有所異的話，那麼就算是天敵不存在，生理壽命也不會有所改變。但是假如生理壽命不受遺傳基因左右，那麼當外因性死亡率降低的時候，生理壽命若隨之延長，在自然淘汰的觀點上毋寧是比較有利的。因此，生態壽命長則生物生態將朝長壽及晚熟方向進化的想法，就應該不會有什麼太大的錯誤。

●死亡率越高的生物，老化越慢嗎？

目前有許多研究都積極的搜集種種哺乳系動物的資料，從而調查野外死亡率及老化速度之間的關係。英國牛津大學的普羅密斯勒博士在其一九九一年發表的論文中便提到，生物的死亡率越高並不一定表示老化速度會越快。死亡率突然提高的年齡層，透露出年輕時死亡率越高的生物越長壽。一言以蔽之，就是死亡率越高的生物，老化的速度越慢。

但是在考量野生動物死因的時候，實在很難將外因性死亡跟內因性死亡嚴格區分。比如說因受到天敵侵襲而死的狀況就可能也包含著因老化而無法自天敵手中逃脫的情況。這時候，到底要將其死因視為受到天敵侵襲而死的外因性死亡，或是將其視為老化致死的內因性死亡，就是極為棘手的問題。

就像是人類特有的自殺現象也很難區分死因到底是內因性或是外因性。比如說有人是因為受不了病魔糾纏而輕生，這時候，若直接追究死亡原因，也實在是很難訂出確切的死因。因此，外因性死亡或是內因性死亡受制於各種狀態，實在很難清楚的界定出來。

另外，為保持青春花費的成本能夠有效防止老化到什麼程度，也因物種不同而異，因此若只是觀察外因性死亡率，從而比較物種之間的不同，還是無法得知生理壽命到底會不會延長。

美國明尼蘇達大學的理論進化生態學者彼得阿普拉姆斯認為，不是個體數過密的生物，其外因性死亡就跟老化早晚沒有關係。不論如何，這個問題尚停留在未經證實的階段，因此在此必需重申，上述的理論都並非已經確立的學說。

●初期死亡率的進化——小卵多產或是大卵少產

第一章我們將出生不久之後初期死亡率較高的情形，以機械的不良品檢查為比喻做了說明。一言以蔽之，就是與其將孩子百分之百的製造完成再讓其出生，不如粗製濫造成本要來得低。但是這不過是比照機械製造成本所做的計算，並不屬於生物學。因此，下面要就自然淘汰的觀點說明生物學如何計算初期死亡率。

進化生態學在出生、成長、繁殖、老化等生活史設計中最為廣泛研究的重要課題便是下列三點：

一、子孫的大小

二、到成熟所需花費的時間

三、繁殖所需花費的「成本」

第三點我們已經在第一章中引用猴子拼命繁殖的例子做了說明。因此，下面將重點放在一、二來進行論述。

正如第一章所言，初期死亡率較之成長後的死亡率要高得多。有一說認為，初期死亡率之所以較高最主要是因為如果大量生產的卵悉數存活下來，將會造成食物不足，反而會導致死亡率增加，因此，便在生物出生初期減少數量，以便繁殖的第二代能夠平安成長到成熟年齡。

但是這個說法跟前述老化的「楢山節考說」一樣，誤解了「自然淘汰說」。只要跟自己沒有血緣關係，則為了繁衍種族子孫數目而做的自我犧牲（高初期死亡率），在自然淘汰的立場絕對不會產生有利的結果。如果有什麼利益，充其量不過是無謂的延續生命，從而讓拼命繁衍更多子孫的競爭對手佔了便宜罷了。出生後便離開親族獨立生活的生物，其初期死亡率也很高，因此有必要特別去探討生物進化上初期死亡率偏高的原因。

一般認為，初生的生物較之年齡較大的生物因不易抵擋鬥爭、易受到天敵的威脅、成長需要時間及因營養不足容易因飢餓而衰竭等因素，導致出生期的死亡率有普遍偏高的傾向。那又為什麼有的生物所產的卵比較大，而有的生物又只產小的卵？自然淘汰為我們解說如下。

關於繁衍子孫的數量及大小，一般以「小卵多產或是大卵少產」為主要議題進行討論。大卵少產跟小卵多產到底哪一種能留下最多的後代？答案是小卵多產雖然生下多數的後代，但是初期死亡率相對的也就更高，一顆卵能成長到成熟年齡的比率極低。

沙丁魚會產下許多的卵，但是卵能化為小魚活到一歲的比率卻只有一百萬分之一。這些小魚若有幸在大海中遇到食物（浮游物）就能存活下來，若不幸遇不到，就只有死路一條了。

母體所能留下子孫的數量（適應度）可以下面簡單的公式算出：

適應度＝(母體總投資量÷孩子的大小)×孩子的存活率

（ ）表示出生孩子的總數，母體繁殖上的投資總數不依孩子的大小而有不同，通常保持一定的比例。另外，孩子的存活率跟出生時的大小相關，出生時越大的孩子越容易存活。不過，跟比例關係無關，過大或是過小的存活比例應該都不大。

影響存活率的體積大小會隨著生物的環境條件有所改變。比如說魚類既有像口育魚這種產量不多，但將子魚含在口中小心養育的魚類，也有像車軏這種以億萬單位產卵的魚類。

人類生兒育女的情況也大同小異。以前的家庭都生很多小孩，但是小學畢業之後，孩子們便不繼續升學，而開始工作賺取家用。反觀現在，隨著高學歷化的進展，每個家庭所生的小孩減少，但是相對的，每個孩子所需要花費的教育費用也都隨之高漲。

這種狀況主要是因為經濟學要因所致，並不是生態造成。姑且不論教育跟高學歷化的內在為何，至少就少產化讓每個孩子受到完整的照顧，降低孩子教養上失敗的比例來看，這不啻是一個好現象。

就算目前人類的少產化可用類似於進化生態學大卵少產的理論說明，但是，這畢竟跟生物學毫無關係。

第一章曾經提到過理論的相同性。論理的架構組織雖然一樣，但仍必需一一檢證每一項假設，如此生物學的假定才妥當，結論也才正確。但是人類少產化的前提（父母考量孩子的質與量，從而決定繁殖的數量）跟其他生物不同，因此不能等同論之。或者是也許前提不同，所發展出來的理論形態也跟其他生物不同，但是還是可以用同樣的理論架構說明。

姑且不論上述這些推論，如果僅就結果推論，則或許可以幫助我們理解研究者的主張的假設（此稱為水平思考），但是並不代表結果就是正確無誤的。

●機械的耐久年數與臟器的壽命

既然前面提到理論的相同性，順便在這裡就談談機械的故障跟人類壽命的關係。機械零件越好使用年限就越高，因此，機械的耐久年數在廠商設計時就會做某種程度的設計。當然，使用優質零件可以延長使用年限，但是相對的卻也會增加製造成本，可能導致乏人問津的二次損失。要怎麼樣設計各零件的耐久年數才好呢？答案非常簡單。

高齡期的高死亡率跟初期死亡率同樣，都類似於機械的故障率。機械故障率最高的時候是剛買的時候跟經年累月使用次數多了之後。而機械之所以會發生故障，最主要還是因為機器使用頻繁所產生的操作疲勞。

英國著名的進化理論學者約翰・美那多史密斯在一九六二年所發表的論文中提到生物臟器的壽命。若將其論理方式套用在機械零件的耐久年數，則可知其主張各部位的零件都必需具有同樣程度的耐久年限。如果在零件發生獨自故障，且發生的是牽一髮動全身的故障時，則就算其他零件可以用一百年也沒有用。

生物也是同樣的。各組織之間的壽命並沒有太大的差別，因此隨著老化可能會發生什麼樣的損壞因人而異，而因人而異的狀態就自然淘汰的觀點上來說是有利的。

人類的臟器應該也是同樣的道理。只是現代人的生活條件跟我們的祖先不一樣，因此不易預測。而且這項說法也是基於每一樣臟器對生命都同等重要的前提，但是因為各部位的重要性並不一樣，假如某一個器官可以替代另一個器官的功能，可能產生的結果又不一樣。另外，就算是使用年限一樣，假如故障正如放射性元素崩壞會因時間而發生獨立變化，那就算是過了使用年限，也不一定會發生連續的故障。就生物而言，因病變等器官故障的情況並不一定跟時間有關係，因此就算是病變的部位彼此不相干，也可能發生連鎖反應。

在這裡要反覆說明的是前面提到的老化的進化學說都只是假設，並未經實驗證明。不管怎麼說，本書所提出的結論，也就是生物之死有利於自然淘汰，最終生物的身心都會為遺傳基因所使用殆盡的論點是不變的。

第三章

人類的死亡到底是什麼樣的現象

死的醫學、生理學

●生與死是連續進行的

目前在日本並沒有探討死亡的學會，雖然在宗教學、腦死委員會，或者是哲學等的範疇都曾經討論到死亡，但是這不過是宗教學、腦死委員會或者是哲學各自站在各自的立場上去探討死亡。事實上，到目前為止都還沒有專門研究死亡的學會，或者是有專屬的場所供研究報告發表。

討論「死」為何物，追根究底，就等於去討論「生」為何物。討論生的學問屬於生理學，因此討論死亡就等於也是生理學的課題，因為死亡純粹就是一種生理現象，如果跳脫這個觀點而去探討腦死或是安樂死，事實上是不可行的。死亡跟出生同樣是一種生理現象，這跟發生的生理學是同樣的。今後如果會產生相對於發生生理學的死亡生理學並不會令人不可思議，在我們考量死亡到底是什麼東西的時候，就目前來看，都跳脫了生理學的觀點去討論這個主題，基本上這是很奇怪的。因為死的哲學、法律論，或者是宗教論的成立，事實上都追循死亡的自然科學為前提而來。

生理學雖然是探討生命誕生到死為止的一門學問，但事實上生跟死之間沒有任何的隔閡，生跟死是連續的生理現象。生命延長到最後終將到達死亡，這是任誰都不能停止的連續現象。

正如人的一生包羅萬象一般，人的死亡形態也非常多樣化。一般我們在說明人的死因的時候，會說這個人死於癌症，或死於交通事故，但是嚴格來說，沒有兩個人會死於完全同樣死因，正如一樣米養百種人，每一個人的個性不一樣，每個人死法就有很大的不同。人的死因也或多或少大同小異。當我們將死因拘泥於心臟的狀態如何，或者是腦的狀態如何等，強硬的以一定尺度去定義死亡的時候，就會導致腦死或者是臟器移植等問題產生根源性矛盾，因為，到目前為止，生物學都還不能明確地說明生存到底是怎麼一回事，或者是生命的定義為何。

既然「生」都沒有一定的定義，那麼我們當然也就沒有辦法去定義「死」。因此，這一章我們環繞種種「死」的定義，去思考人類死亡的問題。

●條條道路通死亡

不同的人有不同的人生，同樣的，不同的人也會面臨不同的死亡，但是最後到達死的狀態卻是每個人都一樣的，也就是說一個個體跟環境達到平衡的狀態，就是死亡。我們活著的時候處於非平衡的狀態，而有各種不同的個性，但是死可以使得各種不同的生物都達到一種平衡狀態。

到達死亡的途徑比「生」還多樣化，單單就死因來考量就包羅萬象，譬如即使是同一種疾病，其發展也會因人而異，由生到死的路徑無數，通常有非常多過渡性的狀態而不僅限於一種。

常常，我們將無法回復到的狀態稱為是「不回歸點」(point of no return)，但是這絕對不是妥當的死亡定義，因為到達死亡的路徑因人而異，所以也許將死亡定義為是一條「不歸線」(line of no return)還較恰當。以前的人常用過奈河橋來說明死亡，但是過橋的方法因人而異，而且從生到死橋又是怎麼樣去搭的，也就是說他們並不是用死的基準去認識死亡，而是用奈河橋的這個線去認識死亡。在我們判定生死的時候，不能夠只因腦波、呼吸等一元性的條件來做判定，而應該更進一步具有多元化的尺度。譬如說當我們將腦波持續六個小時以上的不動狀態稱為死亡，但是正如我們會在一二〇頁說明一般，這個定義依據患者狀態的不同會發生妥當跟不妥當的情況。另外，如何去判別生死，也會因怎麼認定「生」而有所改變。在沒有辦法以單一的定義去畫定「生」的時候，對死亡的定義也會因人而異。從而有多元化的傾向，譬如說有可能會發生某一個醫師判斷某一個病人已經死亡，但是卻有另外一個醫生並不認為這個病人已經死亡的情況。

更進一步的說，「生」跟「死」就像是判定入學考試及格與否一樣，他並不能用一條線完全分割。無法百分之百回復原來的狀態到完全的死亡之間，有無數個階段，因此這是如何

人類是怎麼樣從生到死的呢？這個過程正如在這個世界沒有兩個人是完全同樣一般，每個人都不一樣，如果我們將生跟死的畫分用河來表示，那麼渡河的點就有各式各樣。所以說生跟死的分歧並不是點而是一條線。

將病人百分之百的治癒，或者是治療到什麼程度的問題，雖然如何畫分死生是一個非常大的課題，但正如我們前面所談的，拘泥於用一個指標（死的定義）去判定死、生是不合宜的，因此我們在此有必要去探討，對患者而言，到底臟器的死亡是不是一種完全不可挽救的狀態。而其中，最具爭議性的就是腦死。

●腦死與人類的人格相關

「臟器死亡」指的是人類的內臟機能不全，同時沒有恢復的希望。但是假如說當人的腎臟機能出了問題，在現代醫學並不會將其視為是個體的死亡，而會用人工透析或者是腎臟移植等方法使腎臟繼續運作下去。雖然媒體不太熱衷報導腎臟移植手術，但事實上腎臟移植手術的成功率非常的低，而實行腎臟移植的患者在五年後的復原狀況通常也不甚良好，雖然我們可以期待今後醫學進步將使這方面的技術更加良好，但是就目前來看，要讓實行腎臟移植的病者達到完全康復的情況還不是很理想，同時我們可以從各式各樣的病歷裡面發現實行腎臟移植手術時精神照護的必要。

就算是人類的消化吸收功能退化，基本上還是可以靠點滴維持生命。然而肝臟卻是人工所無法替代。因此，個體的肝移植或者是腦死患者的肝移植就變得不可或缺。這也是為什麼在日本常可在電視新聞或者是報紙上看到肝移植或者是腦死肝移植的手術報導的原因。

假如肺喪失其功能，雖然可以用人功心肺來替補，但這並不是一個很有效的方法，而且，目前也只有國外才有同時移植心臟跟肺的技術。

當新機能產生問題，目前能做的只有心臟移植。雖然只要人工心臟有更進一步的發展就可以不必要做移植的手術，但是這似乎還需要一點時間。

相對於此，腦就絕對無可替代，也許日後電腦的發展更進步的時候，就有可能發展出管理呼吸、血液循環或者是消化等功能的腦幹機能。腦幹機能非常複雜，類似於電腦的構造，因此將來也許可能發展出人工腦幹。然而，知性的腦卻是人工所無可替代，即使大腦的移植在生物學的範疇成功了，就哲學的領域來看卻喪失其為「生」的意義，就哲學而言，個體的死亡等於是大腦的死亡，大腦的死是認識細胞的死亡，此意味著人類主體性的死亡。

夏樹靜子的推理小說《風之扉》，就是探討這個問題的小說。品川曾經針對這個小說裡面所寫到的一些學術性的內容接受了訪談。假如我們將身體完全無法作用的人的大腦移植到一個大腦無法作用的人的身體裡，那麼這兩個人的個性以及主體性到底會有什麼樣的改變？這些都是環繞在移植後腦跟人類的主體性的糾葛，似乎引起文學無上的興趣。世界其它國家有些將「腦幹死」定義為「腦死」，這是因為現代醫療科學對腦幹死完全束手無策。然而，大腦死的腦死之說也相當具有說服能力，因為即使腦幹死亡，但大腦還活著，也許這時候就算心臟停止跳動，腦卻可能還在吶喊「我還活著」也不一定。

●心臟停止，腦卻還在吶喊：「我還活著！」

有些人說日本人自古以來就習慣將心臟停止跳動定義為死亡，但是我們並不認為古代的日本人真的這麼想，不管是古代或者是中世紀，日本人將呼吸停止的時候，也就是將自發性呼吸不可避免的停止視為是人類的死亡，自發性呼吸的停止代表是腦死的一種徵兆，而心臟停止跳動等於死亡這個觀念受到一般人認同，大概是最近一百年以後的事情。

認定心臟停止跳動為死亡的歷史並不長，目前被稱為「心臟定義」的有下列三點，也就是我們稱之為心臟死的三個徵兆，茲說明如下：

一、心臟機能不可避免的停止（心臟一旦停止不再跳動）。

二、自發性呼吸停止（不實行人工呼吸無法自行呼吸的狀況）。

三、瞳孔放大以及喪失對光的反射動作（瞳孔張開，即使照射強烈的光線都無法合閉）。

人類腦部位圖

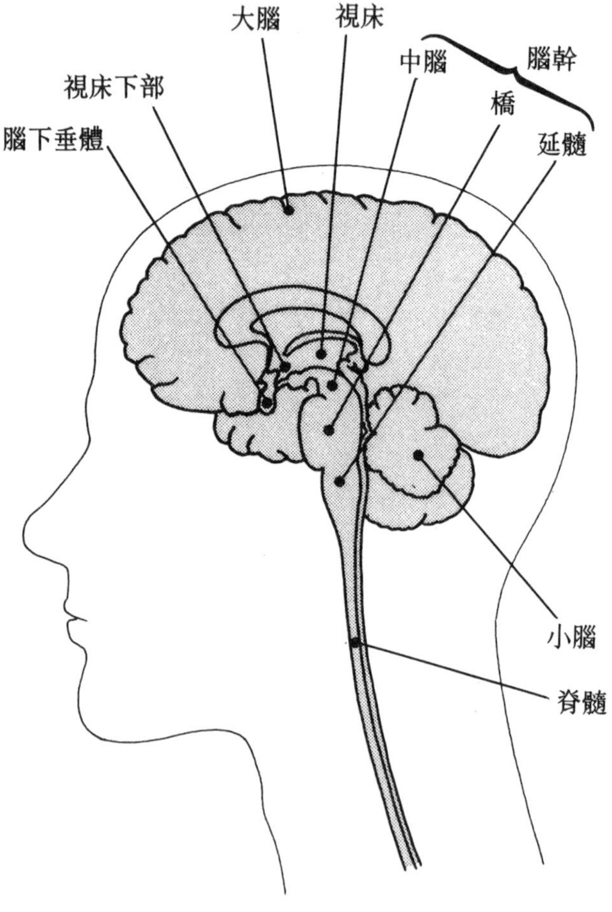

心臟機能產生暫時性的停止是非常有可能的。其實這並不是死亡的狀態，因為我們可以透過心臟按摩或者是電擊，使得心臟再次跳動，除非心臟已經呈現永久停止的狀態，否則不能斷定這個人已經死亡。

如果只依上述的三個症候來判定死亡，很可能會造成人體的體內還殘留一些內在意識，也就是說，大腦還活著，而且不斷在吶喊：「我還沒有死！」因為腦在心臟停止之後，都還能夠繼續運作數十分鐘，這種情況在雜誌《潮》一九八〇年十一月號〈我所見到的死後的世界〉，就曾經提到過。

未來在人工心臟技術達到一定程度之後，也許能夠讓大腦繼續存活下去。而當人工心臟進入實用階段，也許判定死因為心臟死的醫師會被人依殺人罪控訴也不一定。只要裝上人工心臟，腦就還會繼續生存。這麼一來只因為心臟不能跳動，就判定一個人已經死亡的醫師等於殺人無疑，諸如此類在判定死亡的時候必須要再加一項，只靠上述的三項是不夠的。這項就是：

四、無意識（腦波不在運作狀態，也就是腦死）。

雖說是心臟死，事實上腦死也是一種判定的基準，那麼腦死又是一個什麼樣的狀態呢？

●如何判定腦死

目前在日本的醫療現場所適用的腦死判定基準是一九八五年由厚生省的腦死研究班所設定的，這個判定基準並沒有規定腦死等於個體死，也就是說他將腦死與個體死分開，符合這些條件則可判定為腦死。這些條件是：

一、深沈的昏睡。
二、自發性呼吸的消失。
三、瞳孔固定（瞳孔直徑左右約達四毫米以上）。
四、對光反射、角膜反射、毛様脊椎反射、眼球投反射、淺挺反射、頭反射等反射動作的消失。
五、腦波平坦。

符合上述五項條件，且經過六個小時以上未起變化時，就可判定「腦死」。然而這個基準，用於二次性腦傷害患者或六歲以上的幼兒時，卻有連續觀察六個小時以上的必要，而且這項準則並不適於六歲以下的幼兒。正如我們要一再強調一般死的判定基準不是一個點而是一條線，因為死亡的基準會依患者的年齡、或者是狀態而有所改變。

下面我們將針對腦死的各項基本條件加以簡單的說明，我們可以很清楚的知道判定腦死的基本條件裡的二、三、四條跟心臟死的三個症狀的二、三條完全相同，這裡所稱的自發性呼吸的停止，一般而言就是停止呼吸，而所謂自發性呼吸的停止，指的是位於腦幹下端延椎部份的呼吸中樞無法運作，也就是說判定死亡的時候會考慮呼吸中樞是不是已經停止作用。

當自發性呼吸停止、心臟也停止跳動之後，只要是能夠馬上裝人工呼吸器的醫院，就會開始讓患者進行人工呼吸，但是只要呼吸中樞沒有辦法運作，即使繼續施行人工呼吸還是無可避免的會發生腦死的問題。諸如此類能夠判定腦死的醫院目前都還只限設備完整的大醫院。一般說來，筆者品川所任職的日本醫科大學附屬醫院就是日本判定腦死最多的醫院。

接下來我們要談到瞳孔固定。所謂的瞳孔固定，指的是控制瞳孔擴大、縮小腦幹機能的喪失，在心臟死裡面我們稱這個現象為瞳孔擴大，但在腦死的層次裡，因為死亡的時候瞳孔並不一定會擴大，因此以瞳孔不動為死亡的本質，在這層意義上也許瞳孔鏡擴散四毫米以上是不必要的。

所謂對光的反射指的是當我們將光線照射在瞳孔的時候，瞳孔會有縮小的反射動作，這是腦幹反射動作之一，死亡的時候不管將光線照射在那一隻眼睛，另外一隻眼睛的瞳孔都不會有縮小的現象，就可以判定死亡。第四點所舉出來的反射動作全部都是腦幹控制，喪失這些反射動作的功能，就可以判定喪失腦幹機能。

前面提到的心臟死三個機能裡都不包含腦死判定以死亡之後沒有意識為前提，這是因為在判定心臟死的時候，並沒有將心臟停止數十分之後腦才會跟著死亡這一點列入考量。但是，心臟停止跳動的數十分鐘之內腦還很有可能繼續存活，因此這一點將成為未來極大的一個課題。意識消失最具代表性的就是第一點：深沈的昏睡，這個判定主要是依據經過疼痛刺激之後是否有反應而定，一般而言就是用力的捏臉也不會有任何反應。

大腦機能的喪失通常是依第五點：腦波的平坦來認定，第五點的判定環繞幾個問題點，有關於這一點我們將在於一二九以下討論到。

●「腦幹死」跟「全腦死」以及腦死跟植物人狀態有什麼不同?

當一個人具備一～五個條件的時候就會被判定已經喪失腦幹跟大腦的機能，而如果這個狀態持續六個小時以上，就會被判定這些喪失的機能沒有恢復的可能，我們將這個狀態稱為是全腦死。

也就是說全腦死指的是腦幹跟大腦的機能消失六個小時以上的狀態，相對於此所謂的腦幹死是除了第五項腦波平坦以外的狀況時的一種判定，也就是說判定的基準是腦幹機能喪失不可回復。關於大腦的機能可以只依深沈昏睡的這一點判定。

厚生省的判定基準是以完全腦死為腦死，縱觀世界各國大多也都是以全腦死為腦死，同時也提出非常詳細的判定基準，但是相對於此英國卻規定腦幹死就是腦死。

在這項腦死判定的基準裡面，跟大腦有相關的就是第五項我們提到的「腦波平坦」。腦波是不是平坦，醫生只要一看就能夠判定，但是裝了人工呼吸的設備，腦幹死的患者看起來就好像能夠規則而且正常的呼吸，因此對於一般人尤其是患者的家人，通常都很難去接受腦波平坦等於個體死亡的事實。

一般世人都會將腦死跟所謂植物人狀態混為一談，而且對二者完全不清楚的人甚至佔壓倒性的多數。不管怎麼說，將腦死或是植物人狀態混同也好，完全不知道也好，這都是同樣的情況，因此在這裡我們要加以簡單的說明。

一言以蔽之，植物人狀態具有自發性呼吸的能力，而腦死沒有自發性呼吸的能力，必須要仰賴人工呼吸器，能夠自發性呼吸代表腦幹還活著，至少腦幹的一部份，也就是呼吸中樞還活著。話說回來，有沒有腦幹還活著但是大腦死亡的狀態呢？答案是有的，這也常常受到一般人的誤解，但是畢竟植物人的狀態並不等於腦死。

植物人狀態是各式各樣病情的總稱，並不是單一的病理名稱，我們可以將植物人狀態定義為持續長時間且無意識的昏睡，同時卻保有自發性呼吸以及心臟跳動能力的狀態。另外持續植物人狀態，的原因跟狀態也包羅萬象。大腦的一部份喪失意識，進一步無法運作，而喪失腦幹被稱為網樣體的機能，因此不能保持具有意識的清醒狀態。

一般判定讓植物人狀態恢復意識是十分有可能的，正如我們常可以看到一些案例是由腦死狀態恢復到清醒狀態，果真如此，那麼這個植物人狀態應屬於誤診。這些案例很多都是在腦死的判定基準還不確定的時代被誤判為腦死。不過至少在日本國內，自厚生省頒定腦死基準之後，就沒有患者是在被判定腦死之後還恢復的案例。

雖說如此，對於患者的家屬而言，還是很難接受死亡的事實。通常收容在集中治療室治療的患者，都會在身體插上很多的管子延續生命，這些管子讓人連想到義大利麵，因此這又稱為：「義大利麵症候群」。即使患者已經達到這種狀態，患者的家人都還是很難去接受死亡的事實。

腦死的基準對於死亡之後無法恢復的狀態絕對有嚴格的界定，但是如果學界或是媒體的一部份要以臟器移植（提供必要的臟器來討論腦死的話），就需要更嚴格的界定，這也是為什麼一般人都會認為厚生省的判定基準太過鬆散，而引發各種議論的原因。

●腦死指的是「臟器之死」或是「個體之死」？

判定腦死之後很多人還是認為腦死不足以代表死亡，而其根據也各式各樣，這些通常被稱為腦死反對論。關於腦死的討論，不管怎麼發展都會有人持反對的論調，原本要消弭反對的聲音就並不是很可喜的現象，因為在討論腦死的時候必須要有反對跟贊成的聲音相抗衡，才能夠得出一個比較適切的結論。

但是，目前的腦死反對論者跟腦死贊同論者並不在同一個層次討論腦死課題，而各自站在各自的立場上去進行議論，這是令人非常遺憾的。腦死臨時調查會（臨時腦死以及臟器移植調查會的多數意見），多數醫師的建議跟這個比較相近。腦死的定義有非常多的差異，但幾乎沒有人去討論這其中的歧異點。

「少數建議」（腦死反對論所堅持的是所謂腦死），指的是「腦」這個器官的死亡定義，在這個立論基點上，腦死反對論者主張厚生省的判定基準沒有辦法判定腦的全面性死亡，如果僅就腦死判定基準觀之，還是會發生無法判定小腦生死或者是腦下垂體的一部分細胞是否仍然存活等的反對意見，相對於此多數意見，腦死贊成論者將腦死定義為以腦為主因所引發個體的死亡，更進一步的，他們認為只要去看厚生省的判定基準是如何設定的，就能夠知道腦死的定義，因此到目前為止，並沒有人在厚生省的判定基準之下被判定腦死卻又恢復的（因此這個判定準則是正確的）。既然沒有人能夠破例的起死回生，這個基準就是正確的。這個論點所持有的立場並不在於腦是不是已經死亡，而在於主張無法避免個體死的時候就是腦死，因此腦死就是個體死。

從這裡我們可以知道不管是反對論者或者是贊成論者，對腦死的定義的看法有甚大不同，但卻都各持己見，不協調大前提再進行爭辯，所以這些爭辯將永遠沒有辦法達到共識。我想不管是那一派，都有必要思考各自堅持的大前提是否妥當，然後再就腦死進行討論。

另外還有一點雖稍嫌畫蛇添足，但還是有必要提出來，那就是「心臟死」意味著心臟器官的死亡。在心臟死亡的同時，心臟大部份的細胞都還活著，甚至有一部份都還在動，儘管如此，有鑑於心臟已經喪失抽出血液的功能，而這個功能永遠無法再恢復正常時，就可判定心臟死亡。

腦的機能較之心臟要來得複雜，因此不能夠等同論之，但是只要喪失腦的機能，人就不可能再行動，譬如說，人類的意識就是一個主要課題，意識雖不只是存在於腦，但是只要大腦喪失功能，意識就會消失，這一點是腦跟其他的器官顯著不同的。

相對的，其他的器官就算死亡，只要腦還繼續存活而且繼續運作，就不能認為個體已經死亡，就算是人工腎臟、人工心臟等人工的器官可以代替原本存在於我們身體內的器官，唯有人工大腦是人類技術依舊無法作到的，所以只要腦還活著就不能認定個體已經死亡。只有這樣，腦死即為個體死才能夠成立。

●日本人對屍體的崇敬與腦神祕主義的關係

在種種環繞於腦死問題的背後，似乎存在著日本的自然觀、身體觀以及宗教觀。

許多日本人不承認腦死就是個體死，有一說認為最主要是這跟腦死與臟器移植有直接的關係，不符合日本人尊重遺體的宗教觀。

基督教徒絕大多數的人都認為臟器移植是一件理所當然的事，主要是因為基督教靈肉分離的思想比較濃厚，但是對於日本人有遠大影響的佛教也提到了捨身飼虎的思想，同時有許多佛教信徒積極參與臟器移植的事實也廣為人知。

日本人不傷害遺體的思想傾向並不源於佛教，另外一方面自古便有火葬的風俗也是日本跟世界其他地方最大的不同，在這個風土民情之下，一般法醫或者是醫師都很難向死者的家屬取得遺體解剖的許可，到底這些風俗民情跟日本的現狀有什麼樣的關係呢？

有一說是外國人沒有辦法理解為什麼日本人排除萬難都要找回海難、山難或者是空難事故罹難者的屍體的心情，這實在是很難用宗教或者是宗教觀來說明，日本人的這種堅持可以稱之為物神崇拜。對屍體的個人執著到底源自於何，雖然是一個極大的研究課題，但是到目前為止都還沒有具有說服力的答案，然而我們可以確定的是，日本人的身體觀對腦死的討論的確造成極大的影響。

腦原本就籠罩在非科學的神祕主義面紗下。無庸贅言，腦是腦細胞巨大的集合體，腦細胞裡有分營養細胞跟神經細胞，二者合起來總數大概有一百四十億個，這個數字是從神精細胞的大小以及體積、還有腦全體的容量所計算出來的，但是如果只算神經細胞的話，數量不過只有幾億個。

但是一般世間都有過份誇張腦神經細胞的傾向，譬如說誇大其詞的說腦神經細胞的數量有一千億個；或者是腦神經細胞接點數有一百兆個等等，這種傾向大概來自於腦神祕主義風潮，所謂的腦神祕主義風潮指的是，將腦定位在未知的部份較多的層次上，所發展出來具有神祕主義的風潮。

在這裡又會糾葛出腦死的問題，也就是說，既然不清楚腦的狀況，就根本無法判定是不是腦死。

在立花隆所著的書《腦死》（中央公論社出版）中清楚的提到，醫學相關人事之中也有這樣子的風潮。當我們去詢問醫生腦死的狀況時，很多醫生都會回答我們腦是未知的。

我們是不是應該更客觀的去看腦這個器官，不只是腦，人體都還存在許多未知的部份，但是醫師應該針對已知的事實去做判斷，從而冷靜的作出對患者最適切的因應措施，不能夠因為不知道，就逃避到神祕主義裡，這是不可原諒的。

●腦死判定的基準點為何？

我們該如何看待腦死？

依據現狀，大多陷入腦死的病患家屬，都會因為醫療費用過高，而提出減輕治療的要求。在健康保險的範圍內，只要認定還有醫療價值，即使花費高達一千萬元，病患家屬都不需要負擔這麼鉅額的費用。但是假如保險不適用，舉例來說，現在的肝臟移植手術因為不在保險範圍內，所以需負擔鉅額的醫藥費。

當病患陷入意識無法恢復的狀態，與其用氧氣管維持生命，患者本人在事前提出撤去所有生命維持裝置，或者是病患家屬作此要求都情有可原。如果在腦死階段停止治療，對家屬而言，應該可以減輕許多負擔。相對的，假如腦死被判定為死亡，則對腦死的醫療行為就等同於治療屍體。

腦死判定同於死的定義，都具有其多樣性。同樣的判定腦死，判定基準依前提條件也有很多層次。比如說，要停止深度治療，或是停止醫療行為，抑或是要進行器官移植手術等，都在選擇之內。

那麼，腦死判定的基準點何在？

最大的問題出在目前判定腦死最重要的大腦機能檢查只能依靠檢測腦波，而腦波是否平坦的檢測基準又十分曖昧。同時，腦波的測定方法並不像平常檢測腦波一般，使用十六頻率的電極，而使得有人懷疑這樣的檢測方法無法測到腦底部的腦波。

日本醫科大學為了從科學的角度，找出中國氣功師父所放出的「氣」，所以在氣功師父的頭上插了十六根的電極棒，同時測定十六個頻道的腦波。這樣一來便可以比較清楚的知道右腦跟左腦哪一邊的活動比較頻繁，活動較頻繁的是前面或後面、是語言中樞或是運動中樞。在判定人的生死時，我們希望至少也能檢測十二個頻道以上的腦波。

筆者的研究室現在正在進行腦波次元解析的研究。若這個研究成功，則將來就算是微弱的信號，也可以藉此判定是不是大腦的腦波。

未來，也許可以藉著MRI（核磁器共鳴裝置）檢測大腦的代謝機能。所謂MRI是用原子調查病患的狀態，測定腦細胞原子核的磁氣能率變化。使用這個方法，就算是不切開大腦，也能獲得腦的橫切面圖。雖然用X光或是超音波也可以得到同樣的結果，但是MRI對患者的負面影響更低，而且實用性更大，未來還具有用來調查代謝機能的可能性。另外，透過腦磁圖（用磁氣吸取深部腦波的方法），也許還有查到大腦深部活動的可能。

判定血液是否停止流動可以用同位元素。氧、碳、氫、磷等元素雖然各有其分子的重量，但是卻混著非常微量，同為氧原子但較重的原子。這就稱為同位素。

注射一點點同位素，依其是否循環全身便可判定血液是否已經停止流動。不過，腦死時因腦壓下降，血液會再度流出，因此不能不作連續性的血流測定。作成連續血流監測器，確知血液在幾十分鐘內停止流動的話，也許就可用這份資料作為判定基準。

●專業醫師的責任

正如前面所述，目前日本國內器官移植及腦死的判定，已經成為很大的社會問題。

但是您是不是知道世上有三種職業被稱之為"profession"?這三種分別是醫師、律師以及神職人員。這些人各自就生命、生活及死亡接受人民的諮詢，同時扮演維持世間秩序的角色。

成為專業人員，必需經過諸多繁瑣的手續。首先必需經過困難的修行，並獲得世人認同。其次必需宣誓將專事此職，這時專業集團將透過嚴格的要求判定此人是不是具有專業的資格（至少世間如此認為）。

而判定死亡，則是假「專業醫師集團」之手進行。

醫學上的死，也就是個體的死亡由醫師判定。法律並規定「經醫師診斷死亡則承認個人死亡」。法律不介入死亡之判定，也就是說，專業的法律集團不涉及醫學專業集團的領域。

一九九一年，腦死判定基準交給國會腦死臨時調查會的動作佔了優勢。不過將判定死亡的工作交給國會＝立法院（法律），對專業醫學集團而言，真可說是本末倒置。

關於判定死亡的基準，為了獲得國民的協議而請求國會的協助本身並沒有任何問題。但是，如果將主導權交給國會，問題就大了。基本上，專業醫師集團希望判定死亡基準的形式是由醫學界內部決定，再由法律認可。

那又為什麼會引發現在的混亂呢？

那是因為專業醫師集團始終站在「將死亡定位在不歸點將產生更多矛盾」的立場，而不去討論「死為何物」、「腦死到底是什麼」所致。關於死亡是什麼，不應該只有專業醫學集團的醫師們來討論，生理學者、社會科學家、哲學家、宗教家等都須參與才是。當然，這個問題可能沒有結論，但是經由討論才能夠對死亡的概念產生共識。

腦死臨時調查委員會沒經過上述的過程，讓人覺得他們著重的議題總是停留在「是否該將腦死當作死亡」的二次元階段。從今以後，不，也許等腦死臨調會得出結論後，都還應該針對死亡做更廣泛的討論。如果不這麼做的話，就算是法律做出判定腦死基準的裁決，恐怕還是無法獲得民眾的認同。這個問題不容拖延，如果不盡快解決，相信不僅是對器官移植，連帶的對醫學各方面都會產生不良的影響。

最後筆者要介紹的是專業神職人員對腦死的看法。

說到神職人員對死亡的看法，最具代表性的莫過於羅馬法王的聲明：「死亡的判定是醫學專業上的問題，神職不介入」。神職人員（宗教家）所執掌的是憑弔死者，求得遺族的安心，以及引導世俗之人頓悟。因此，人死於何時是由醫師決定，而非宗教家。

●人，具有定義死亡的權利

為了避免產生誤解，筆者在這裡要重申的是，就算是如筆者等主張「腦死即個體死亡」，也並不代表這就是反對厚生省的腦死判定基準。因為這是醫學上的問題，應該由專業醫師團體來決定。生理學者或是生態學者只不過是希望能夠提出資料，以供專業醫師在討論「腦死為何」時做參考。只是，不管醫學做出什麼樣的結論，都必需獲得各界的認同。

不怕大家誤解，但是，認定死亡的基準，就算是每個人都不同又有什麼關係？人類，應該有定義死亡的自由。

換言之，每個人都可以在自己事先定義死亡的前提之下，要求醫生判定死亡。而且在生前，便可以將眼角膜，甚至是自己體內的器官，在有效的時間內捐贈給其他需要的人。反過來，也可以在自己生病的時候，事先要求移植他人體內的器官。

專業醫學可以只決定人們選擇的死亡定義，而對於沒有任何事先聲明死亡定義的人，可以依心臟死等不適合器官移植的判定基準作為標準。

醫師可以參考患者所選擇的死亡基準，配合患者的生死觀，行使最適合的醫療方式。所謂醫療行為，不應該只考慮患者的生物狀態，更應該配合患者的人生觀作最適切的治療。

●延長壽命一定是好的嗎？

還有一種想法。人有生存的權利，但這並不代表人有不擇手段避開死亡的權利。所謂生存的權利，應該是指順從自己的良心，完成人生價值的權利。

因此，我們可以說，人有生存的權利，也有死的權利。人有為了生命價值，耗損生命的權利。當病患的生活因疾病而受到干擾的時候，相信每個患者都會希望繼續活下去，從而完成一己之生命價值。

或者有人會頓悟生命所剩不多，而在有限的日子裡找出生存的價值。醫師能作的是了解患者的狀態，幫助患者完成生命價值，但是要醫師延長壽命則是萬萬不可能。醫師充其量只能了解患者想要怎麼活下去，然後幫助患者活到上帝所命定的壽命。

在第二章我們提到過人類因克服天敵，不僅生態壽命得以延長，連生理壽命也加長了。而拜醫學進步之賜，十九世紀以降，人類的平均壽命有了飛躍性的增加。不過，生理壽命可不是短時間就可以延長的，生態壽命跟生理壽命延長的距離，正是現代高齡化社會的問題所在。

人類長壽的原動力在於「治癒」。想要活下去的想法——就是自我治癒能力。而人類之所以是長壽的動物，祕密也許就在於自我治癒能力。

一般野生動物的自癒能力非常小，不過家畜或寵物卻可以活得很久。正如獸醫師所言，家畜或寵物具有自我治癒能力。只是，寵物的生理壽命並不會因此而延長。

同樣的，醫學可以延長人類的平均壽命，卻不可能延長人類的生理壽命。現今日本的平均壽命幾乎已經和生理壽命一樣長，因此，我們可以說，人類再也無法靠醫學的力量去延長壽命。

古時醫學之祖希波克拉提斯曾說過「神治病，醫師則在一旁幫忙」，這句話至今適用。因人類有活下去的欲望，因此神為世人治病。而醫師，只不過是幫助病人對抗病魔。

美國作家馬克吐溫說現代的醫療情形是：「神治病，醫師則送帳單」，不管是前者，或者是「神治病，醫師不干擾」，或許都是現代醫師所應該持有的態度。

●醫師對不清楚療法的疾病應該大膽處方

對於醫師這項專業，在此要更進一步提出幾個問題。

所謂醫療行為，不是自然科學。在包含基礎科學在內的自然科學中，知之為知之，不知為不知是作學問的大前提。因此，在這個前提下，自然科學會提出許多假設，從而為追求實證繼續研究不懈。但反觀醫學，包括本章所討論的死亡，實在有太多不明之處。

醫生常對患者說：「你的病無法透過科學的方法找到解答，沒法確立治療方法，因此我們不能擔起治療的責任。」話是這麼說，但是又不能把病患趕回家。

醫療是左右生命的重要行為，因此在以科學方法檢證某學說是否正確的態度上，慎重程度不應低於其他領域。但是面對病因未明，或罹患尚未確立治療方法的疾病病患，醫師必需秉持一介醫者應有的信念與良心，運用臨床的常識，大膽應用所有有希望的方法。就算是只有百分之一的成功率，身為醫師只要看到重傷瀕死的傷患被送進手術室，相信不管任何人都會積極拿起手術刀，為病人治病。

說明面對病患時的方法是應用科學的內容，而不是基礎科學。醫學上的應用科學指的是臨床醫學，是針對種種的病例做出報告，從而進行討論的一項科學。舉例來說，生理學會就屬於基礎醫學，而內科學會就是臨床醫學的學會。

遵循臨床醫學的常識，器官移植手術的成功，將帶給內臟疾病患者莫大的希望。的確，器官移植如果成功，對其他病患也未必不是件好事，同時，醫師們也的確想在自己手中成功完成這項醫學的創舉。不過，就算是尚在研究階段，成功率不高，假如器官移植仍是現階段救治病患最有希望的手段，那麼就算是進行器官移植手術，就一般而言，也不會悖離醫學之常理。

話題稍稍偏離一下。在應用科學中，基礎科學尚未弄清，卻得實際進行操作的案例，除了醫學之外還有很多。水產資源學就是其一。學者為什麼知道秋刀魚的數量銳減，又為什麼知道沙丁魚少產，沒人知道真正的原因。但是學者還是得從現有的資料中，找出明年沙丁魚會增或減，或者該如何預防秋刀魚產量銳減的答案，告訴水產從業人員。

預測火山爆發或地震也是同樣的。但是不同於醫學，科學似乎還沒辦法區別出既知事實跟實際火山爆發時要作什麼樣的措施之間的差別。曾經，雲仙岳火山爆發的時候，媒體記者跟學者都一起到了爆發現場的最前線採訪研究，但是卻因為不了解狀況而跟當地人一起遭到熔岩的傷害，這件慘事，應該也是判斷錯誤所引發的吧！

●把握生命的階層性，解開生命連續性之謎

前面藉著討論腦死以及專業醫學思考了「死亡」，下面，將就「死亡的生理現象」再進一步作更深入的考察。

當我們談論死亡的時候，雖然有時候說的是細胞之死或種族的滅絕，但是大部分的時候，都是指個體的死亡。也就是說，腦子裡浮現的都是一個人（個體）的死亡。

但是脊椎動物以外的諸多生物因為「個體」的定義不明，連帶的死的定義也就變得非常曖昧。比如說，通常很難說定一棵植物從哪裡到哪裡是一個個體。因為切下樹枝插在地上，便可以生根；或者是就算不切斷樹枝，只要樹枝低垂到地上埋進土裡，也同樣可以生根。另外，像杉木或檜木等針葉樹的巨木，不管樹齡有幾千年，就細胞的觀點觀之，通常內部都是死的。

也就是說，死的組織上會生出新的組織，就像人類的腦，並不是一輩子都是那些腦細胞在運作。假如我們將樹木整體當作一個個體來看，則樹木是非常長壽的。但是假若換一個觀點，從細胞的角度來看的話，則樹又並不是那麼長壽。

像植物這種很難去界定個體定義的生物，細胞跟組織的自立性相較於脊椎動物就會比較高。同時也有因此而活得更長壽的植物，亦有無法確知壽命的個體。據說，錢苔和西洋風信子就是一部分屬於三倍體的植物。

有生命者終究會死。生命是有限的，只要是脊椎動物都會有生理壽命。但是生命卻從未曾自大地上絕跡。就算一個個的生命是有限的，生命也會不斷的衍生出新生命，從而繁衍子子孫孫。觀察生命之起源可知，無生物是無法創造生命的。

解開生命連續性之謎的關鍵，在於「生命的階層性」這個概念。正如前述所舉樹木的例子。生命是由細胞所構成，而細胞本身就有生與死。當父母生下兒女時，父母親的生殖細胞變化為孩子的體細胞跟生殖細胞。而細胞內蘊含著遺傳基因。

現在的學說主張生命誕生的時候，赤裸的遺傳基因將自己繁殖，最後將製造出作為繁殖道具的蛋白質。一般而言，病菌無法自己製造蛋白質，這是因為病菌從細胞退化為各種器官脫落覆蓋在遺傳基因或器官的外皮。

將生命階段性分為個體、細胞、遺傳基因各階層是非常重要的觀念。

不過，個體並不一定就高居細胞上位。就算是人類也有細胞＝個體的時期。人類屬於多細胞生物，在繁殖的時候，雖然只有一瞬間，但也是有只有單細胞的時期。精子、卵子或是受精卵時期的人類，就是單細胞。精子或卵子不受人權的保障，即使是受精卵也得經過幾個月之後才會受到保護，因此合法的墮胎，就算是流產，一般也不將其當作是死了一個人。

也有例外的情形。比如說羊齒類植物相當於精子和卵子染色體各占一半的時間就非常長（半數體世代），而此類植物特殊的世代交替又是非常有名的（參照下頁圖示）。苔類植物半數體世代比較長，只有在兩性生殖的時候，才會出現染色體數加倍的情況。

個體也有各個階段。正如人類個人之死亡與人類滅絕意義不同。在個體的概念上還有物種的概念，而物種之中，則又有新物種形成及滅絕之「生與死」。換言之，物種是有限的存在，新物種形成的材料則由地球其他生命供給。

地球上所有生命都有其誕生之時期。那是地球處於無生物時代經過太陽與海的孕育之後自然形成的。地球終會面臨死亡。也許在太陽老化吞沒地球之前，地球上的氧氣、海洋都會荒蕪殆盡，而變成一顆死的星球。

羊齒類植物的一生

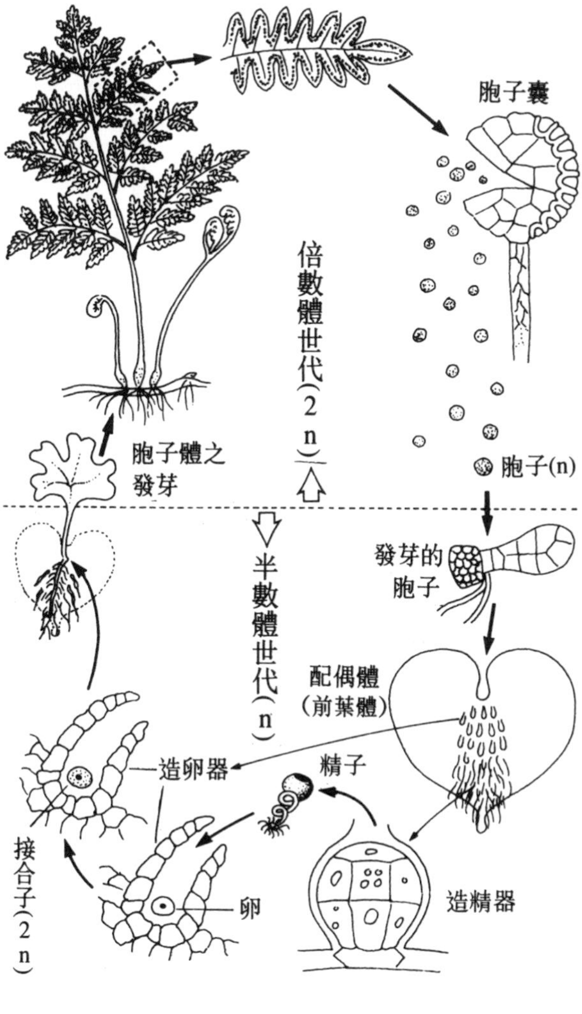

胞子囊
倍數體世代(2n)
胞子體之發芽
胞子(n)
半數體世代(n)
發芽的胞子
配偶體(前葉體)
造卵器
精子
接合子(2n)
卵
造精器

●生物會創造自己的環境

據說火星以前有河川，也有形成山的地層活動。但是現在的火星呈現一片荒蕪，大氣中連氧氣和氮都非常稀少。目前並沒有任何保證擔保地球不會步上火星的後塵。

自地球誕生以來，太陽能增加兩倍之外，紫外線的量也比宇宙光多了起來。曾經預言火星大氣組成以及火星毫無生物存活的英國海洋生物學者詹姆斯主張，地球是一個生命體，他在其著作《蓋雅的時代》（工作舍出版）中提到，地球之所以還能是個綠色的星球，最主要是因為地球尚有生物存在。

地球上的生命不單單來自於單一的生物。假如生命不曾誕生，大氣中便不會充滿著氧氣，當然也就不會有臭氧層，這時候石灰岩中大量的二氧化碳便會充斥在空氣中，海洋蒸發，地球的環境應該會有很大的改變。不管是在溫暖的中生代，或是冰河期，因為物種結構的變化，生命才能不斷守護地球的海洋和氧氣。地球上的生物不僅有其由來的問題，同時也在創造地球環境的立場上，形成一個強大的共生系統。

不管人類怎麼破壞環境，地球上偉大的共生系統也不會因此破壞殆盡。大概是因為人類的影響力遠不及太陽吧！不過人類還是具有為哺乳類時代和鳥類時代畫上句點的能力。

為了保護即將絕種的朱鷺，日本特別把僅剩不多的幾隻朱鷺奉為特別天然紀念物，珍貴的飼養在飼育室中，而且還遠從中國大陸引進朱鷺，進行繁殖的工作。生物學者大多將保護生物不致絕種的原因歸納為兩類：第一點單純只是為了絕種之後便不能再生，因此必須預防生物絕種。最近這一點被稱之為遺傳資源的損失。換言之，生物具有屬於自己獨特的遺傳基因排列，並因此而製造抗體，對人類而言，這不啻是遺傳工學上非常貴重的材料。

回到剛剛的話題。是不是朱鷺或者其他瀕臨絕種的動物養在飼育室，便可以避免生物絕種？最近的技術已經發達到可以取出瀕臨絕種動物的遺傳基因，猶有甚者，還可以從死亡的動物或化石中取出遺傳基因。保存遺傳基因比飼養動物容易，而飼養動物又比將動物放到野外任其生活要簡單。至少，容易想出對策。

相對於此，第二點便是有人主張生物絕種是人類破壞環境的結果，如果環境喪失其多樣性，將對人類造成重大的負面影響。生態系統因為具有多樣性，因此對氣候變化或人類的破壞行為，都能維持某種程度的安定作用。但是隨著絕種的生物與日俱增，生態系統喪失其多樣性，不僅是即將絕種的生物，連帶的所有生物，連人類都籠罩在生存的危機之中。

從維持生態多樣性的觀點觀之，將瀕臨絕種的動物養在飼育室對維持生態多樣性根本毫無助益，最重要的還是要維持多種生物共同生存的環境。

最近，有名的輪椅學者史帝芬霍金斯提出「宇宙之死」的主張。所謂宇宙之死指的是黑洞爆炸消失之後，任何地方都將不再有溫差，而達到熱的平衡點。完全的平衡狀態中，不存在任何資訊。就連我們所賦予的時間，都將嘎然中止。不過，換個角度想，也許宇宙會因此而有個新的開始也不一定。

個體的生死以及物種的生死，甚或是地球的生死，都是不同的現象。階層性本身，不管上或下都有其限度。就像大概沒有比DNA更下層的生命，而比宇宙更上層的生命目前還是未知數一樣。若說地球上生物的誕生屬自發性，則就生物學階層而言，地球生命有其盡頭。當然，或許其他星球上也有其他的生物，只是目前，人類還從未曾和其他星球的生物交流。

●人類如何接受死亡？

本章在一開始就提到過，生跟死是連續而不可分割的現象。從現象學探求死亡真相的休柏拉羅斯在其著作《死亡的瞬間》（川口正吉譯，讀賣新聞社出版）中提出如下圖，人類面對死亡的過程，並有詳細的分析。

自覺到死亡或是醫生告知死亡的時候，通常都會遭到絕大的「衝擊」而陷入無法思考的狀態。然後隨著時間的變化（雖然長短不一），態度又會轉變為強烈否認事實，比如說認為

接受死亡的過程

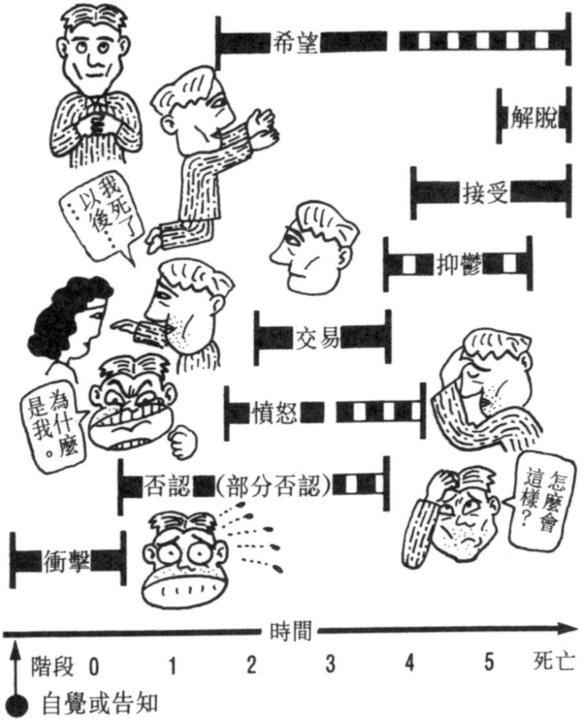

人類由生到死的過程，因人而異有各種不同的路徑。但是不管是自覺或是被告知生命即將結束的時候，大部分的人都會面臨同樣的心理掙扎。人之所以為人的要素在於安撫恐懼死亡心理的技巧，而這也讓人類有了不同於其他生物的生存跟死亡之道。(改編自休柏拉羅斯《死亡的瞬間》)

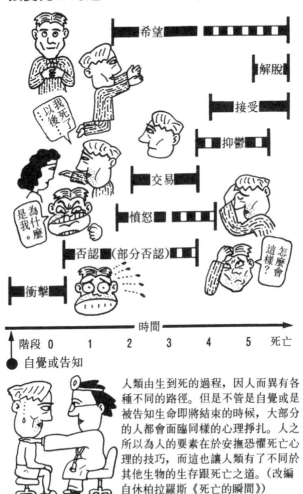

這種事情不可能發生在自己身上等等。然後漸漸的態度又會從全然否定變為部分否定，認為這一定是檢查出了問題。插圖的點線，表示態度的強弱變化。

在「部分的否認階段」會有「希望」和「憤怒」兩種態度出現。兩者看來似乎互相矛盾，但事實上卻互為表裡。其中「也許新的療法會給自己一線生機」及「為什麼就自己非死不可」的情緒會互相糾葛。

接下來，會開始「我要死了，所以……」的交易行為。這通常呈現在病患家屬跟醫生之間你來我往的討價還價中。

當憤怒平息之後，大多數人會喪失希望。但是求生的意志卻會一直延續到最後。雖然時而還是會有起伏，但是大多數的人不會完全放棄希望。醫生要不斷的用同樣病況也有人痊癒的例子鼓勵病患，告訴病患還有新的醫療方法在繼續研發，絕對不能讓病患失去希望。

有人在過了交易時期，不再憤怒之後，就陷入嚴重的抑鬱狀態。但是有人的症狀非常輕微，也有人完全不讓身邊的人感覺到自己的憂鬱。

隨著憤怒的消失，開始進入接受死亡的階段。這個時候，患者便能坦然接受死亡，並跟其他人一起面對這個事實。到這個階段的人通常能夠毫無例外的從容接受死亡。最後，許多人會經歷所謂的瀕死經驗，毫不畏懼的解脫，從而到達安樂的淨土或天堂。

人在經歷這些過程之後，大都能接受死亡。然而是不是因此就能接受至親撒手西歸，離自己而去呢?比如說白髮人送黑髮人又如何?

這是非常困難的問題，因為一般人都很難接受比自己年輕的人先行死去。絕後等於自己的DNA滅絕。守護自己後代的心理，不管是絕食孵卵的企鵝，或是埋葬蟲為了產卵而將老鼠埋在地底，都是出自於保護後代的本能。因此，人類珍惜自己後代的本能，也沒有什麼不可思議的地方。

判定死亡不是醫生一個人就可以做的。這是告知腦死的醫生「團體」的責任，同時，該如何認定死亡的定義也必需跟病患家屬達成共識。

曾經，在急性疾病病患佔多數的時期，醫生跟病患的關係是一對一的信賴關係，其中存有一種良性的內在關係。醫師的倫理源自於醫道，而承繼於師長，這就像是日本傳統的師徒倫理。

現在，慢性疾病患者為多，因此，病患與醫生之間便轉換為團體的關係。相對於醫生和醫療團體，存在病患、病患家屬和社會。因此不管是什麼樣的醫療行為都多了一些選擇，而必需取得醫師團體和家屬間充分的說明和認同。

在現代的醫療現場，醫療倫理，諸如告知癌症或者是末期治療等，都出現許多問題。但不論如何，醫生有看護病人的義務，只要人是一個個體，醫生跟病人之間一對一的關係就不會改變。

名醫在一看到病人的時候就會知道病人罹患什麼病。醫生的任務是伴隨病患度過餘生，因此，告知死亡，並不是告訴病人還有多少日子可以活，而應該是跟病患共同度過所剩不多的時間。從即將面臨死亡的人身上，除了醫療關係之外，還有許多足供我們學習的地方。

第四章

自DNA解放的老人

死的人口論

●克服天敵、傳染病帶來高齡化社會

在第二章中提到，生物會在有效繁衍子孫的前提下選擇最適當的生存跟死亡之道。對生物來說，為了繁衍下一代，受到一些風險的威脅是理所當然的。當然，人的價值基準並不是以子孫的多寡來衡量，只是在傳宗接代的後面，存在探求人類固有生死觀的背景。然而，如果只是這樣，相信這將不僅是發生在現代的問題，遠在古早以前，便已經是人類共通的課題，只是，現代先進國家有其特有的問題存在。

現代的日本已經堂堂邁入高齡化社會。而壽命之延長及節育是直接造成高齡化社會的主要原因。只要仔細去思考壽命延長及節育的原因，便能解開高齡化社會之謎。

人類的壽命原本就比其他生物要長。就算是養在動物園裡的動物，每天有專人供給三餐，不需覓食就能避免飢餓，而且遠離天敵的侵擾，這些動物大多還是比人類早面臨死亡，那就更不要說活在野生狀態，受到飢餓、天敵、疾病等生命威脅的動物了。野生動物中只有極少的一部份能自出生之後安全的成長到繁衍自己的下一代的年齡，就算是能夠繁殖後代，能夠像人類一樣活過喪失生殖能力年齡的動物也是幾稀。

箇中差異最主要在於人類從有史以前便開始集體生活，而且以其「萬物的靈長」之智慧克服天敵所致。然而即使如此，江戶時代還是有很多人死於飢餓和疾病，據說當時人們的平均年齡只有三十歲。

除去人類以外，其他生物出生之後的死因以受到天敵侵襲、飢餓、疾病或者是同類相殘為多。人類在有史以前便已經稍稍自天敵的威脅中解脫，直到發展至農耕文明之後，又降低飢餓對人類的威脅。而隨著醫學的發達及衛生水準之提高，也讓死於傳染病的人口急遽下降。克服傳染病，拜十九世紀發達的醫學所賜，也是在這個時候，人類的平均壽命首次超過五十歲。

現在的日本人，已經克服了大部份可以致死的病因。目前造成日本人死亡的主因，都是癌症及衰老等不可能發生在其他生物身上的死因。

例外的是人類交通事故或自殺致死的比例，比其他生物多得多。尤其是自殺，真可以說是人類固有死因中，唯一可以跟衰老並駕齊驅的。大部份的野生動物都會在衰老之前先行死去，當然，也有些動物，如我們養在家裡的貓狗有些可以壽終正寢。但是不管怎麼樣，至今都還未曾聽說野生動物或家中寵物有死於自殺的。

●節育是因為為人父母的愛短少了嗎？

人類之所以會長壽，主要是因為克服了種種造成死亡的因素。這麼說來，人類較之其他動物因「節育」所導致的繁殖數量銳減又是怎麼一回事？

據說，不管是什麼樣的生物，終其一生所繁衍的後代中，能活到再繁衍自己後代子嗣數量頂多不超過兩個。不管是產卵兩億的車魨或是一年只生一隻寶寶的袋鼠都是同樣的情形。因此，父母加上兩個孩子總是能保持一定的穩定人口。

以前的人非常多產，生五個孩子算是稀鬆平常，就算是生十個，也不會有人大驚小怪。相對的，因為疾病、意外事故或是戰爭等死亡的孩子不少，所以並不是每個孩子都養得活。因此，在多產的時代，孩子的死亡率可說是相當高的。

實際上，近年來因為醫療保健及衛生水準的提升，使得新生兒的死亡率大幅降低。正如我們在前面第一章曾經提過的，明治、大正年間，新生兒中百分之十五活不過一年，但是這個數字目前已經降低到百分之〇・五。也就是說，如果以前只生一個孩子，難保孩子成長的過程中不會出現白髮人送黑髮人，後繼無人的悲劇，但是在現代社會中，這種風險已經降得非常的低。

節育是孩子都能夠獲得妥善照護的明證。假如現在的日本人都像從前的人，一家子就生個五、六個孩子，實在很難想像那會是什麼樣的景況。因此，確實照顧好孩子，重質不重量的做法非常理想，可以說是毫無可憂之處。而高齡層人口相較於青年層多的情況在壓抑人口爆炸上誠屬必要。

人口越少越好是人口爆炸的危機感下所醞釀出來的常識。在青年層人口較少，高齡層不斷增加的現狀下，實在有必要針對勞動及社會福利做更進一步的改善。在這裡要一再重申的是，用人口政策去解決高齡化社會的問題，是疏導人口過密最適切的方法。

而且，獨生子或獨生女的增加，並不代表父母對小孩子的愛減少了，相對的，父母親可以因此付出更多的時間與金錢去栽培孩子，當然，無庸贅言，現在的教育費可真是比以前貴多了！

姑且不論現代教育的素質如何，至少想要好好教育、栽培孩子的出發點是好的。這個結果導致人類普遍節育的現狀，但是對抑制人口卻產生了極大的效果，這個現象，毋寧可以說是可喜的。現今社會中，不生孩子的人多了起來，其實，人類不是生孩子的機器，所以不生孩子而追求自我的生命價值，其實也不是什麼罪不可赦的事情。

簡言之，長壽跟節育是人類遠離危險，從而能夠安穩生活的結果。站在尊重生命，避免早夭的立場觀之，這毋寧是一個令人可喜的現象。如果高齡化社會是長壽跟節育的產物，那我們就必須更積極的去解決高齡化社會所產生的問題。如果只是一味的視高齡化社會為洪水猛獸，則將無法切實的解決問題。

我們生活在長壽且悉心呵護下一代的高齡化社會中，讀了本書的讀者，在這樣的生活環境中該抱持什麼樣的生死觀？假如您能夠仔細思考我們所面臨的死生的特殊性，重新去界定自己的生死觀，則將是筆者最大的收獲。

●高齡化社會不是人類特有的現象

其他生物也有高齡化的現象，那麼，人類的高齡化現象跟動物的高齡化現象之間又有什麼樣的不同呢？

您知道高中的教科書中有一項人口金字塔嗎？如果您是高中生，就請您馬上攤開書來看（可參照下圖），不管多久以前的書，相信都應該提到了才是。

人口金字塔分為年輕的人口佔多數，及老年等各年齡層的人口佔多數兩種類型。個體數不斷增加的生物，表示其壯年層較多。相對的，高齡層較多就表示這個生物的物種正逐次減少中。即使同一種生物，都可能會有持續激增與遽減兩種情況。這種生物的人口金字塔，應該會隨著人口的變化而呈現出不同的形態。下面舉沙丁魚為例說明之。

沙丁魚是一九八八年，佔日本總漁獲量三分之一的主要魚類，廣泛用於食用、養殖，或

人口金字塔 國際統計要覽1989年日本大藏省印刷

男 日本（1988） 女

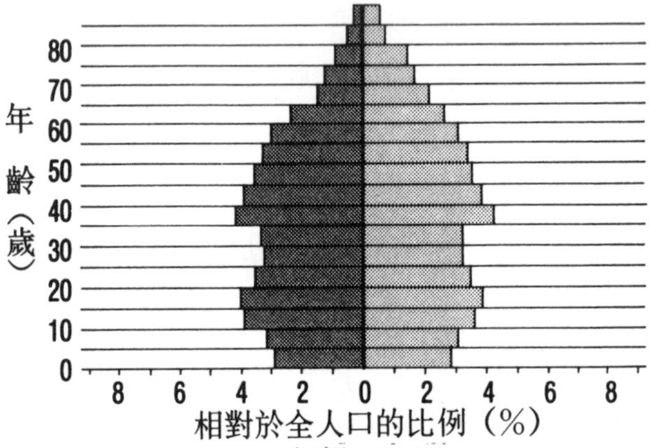

伊朗(1984)

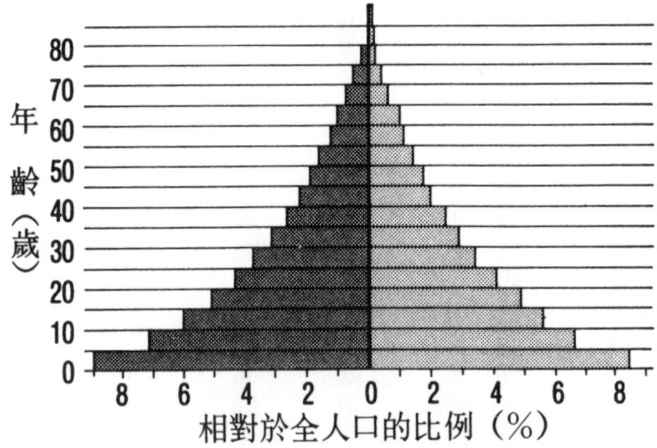

人口金字塔有兩個類型：一是壯年層較多的類型（如下圖），顯示人口不斷增加。相對的一種類形是高齡層佔較多數（如上圖），顯示人口有逐漸減少的傾向。

是用來當作家畜的食物，抑或是用來提煉魚油。但是在二十五年前，沙丁魚的數量銳減，漁獲量不過佔日本總漁獲量之五百分之一而已。之所以會有這麼大的變動，最主要是因為魚卵孵化後一年之間的死亡率每年都有十倍以上的變化，這種現象較之人類的戰後嬰兒潮可謂是有過之而無不及，多發生在數量多的年度（稱為「卓越年級群」）。

一九八八年到一九九〇年之間，孵化一年左右的小沙丁魚通常行蹤不明，而呈現高齡魚充斥的情形（沙丁魚只需要兩、三年便可以達到成熟的年紀）。將這種情形套在人類社會，就等於是三十歲以下的青年都不存在一樣，可以說是人口將再次減少的徵候，其影響不可只以迷信視之。

沙丁魚高齡化的現象（人類也相同），使得沙丁魚成為食品加工廠及餐桌的常客。從這裡可知，沙丁魚比人類還早面臨了極端的高齡化社會。

諸如此類，其他生物中，成熟個體比未成熟個體多的高齡化傾向導致的物種數銳減現象其實一點都不稀奇。其中，最主要的原因莫過於環境條件惡化使得年輕的個體不斷死亡。就沙丁魚而言，因高齡魚具有繁殖能力，所以每年持續不斷出生的卵和孵化一個月左右的小魚數量，都遠超過高齡魚。然而，就是因為這些幼小的生命都在長成為普通大小前便行蹤不明無法繼續生存，所以才產生高齡魚數逆轉直上的現象。雖說如此，高齡魚並不是不斷繁殖一直到死，雖然沙丁魚繁殖的數量很多，但是多數幼魚的死亡原因都是因環境極端惡化所致，因此在這個層面上，我們不能將沙丁魚視為是高齡化族群。

沙丁魚就算是在數量增加的時候，能活到一歲的魚都只有產卵數的一百萬分之一。相對於此，現在日本的高齡化社會是出生的孩子幾乎都能活到為人父母，繁衍自己的後代，並且還繼續活到生殖能力退化之後的老年。

也就是說，人類的高齡化社會是生命誕生以來，其他生物前所未有的經驗，而人類也因此面臨了新的課題。人類所面臨的問題既不同於其他生物，則決定其他生物壽命的要素跟覺悟死亡的時機，在討論人類的生死觀時都不足以為借鏡。這一點，也是本書所要強調的。

對人類以外的其他生物而言，面對死亡是再自然不過的事情，反而是人類大多活到老年的情況，就生物的生命現象而言才真是異常。這還不只是有史以來的特例，我們幾乎可以說這是生命誕生以來其他生物所不曾經歷的經驗。也因此，我們應該如何面對高齡化社會，以及該具備什麼樣的生死觀，其實無法從其他生物的例子獲得借鏡。

●出生率降低值得慶賀

和平且景氣佳的日本因小孩子的人數不多，在每個孩子都能受到妥善照顧的情況下，平均壽命延長到前所未有的長。一般都認為老化是理所當然的必經過程，同時也認定每個孩子都會平安的長大成人一直到老。這也就是為什麼走在街上，和我們擦身而過的老人多過小孩。孩子的越來越少，獨生子或獨生女之間結為夫妻已不足為奇。這就是長壽和節育帶來的典型高齡化社會。

如果人類要和環境共存，則目前地球上的人口實嫌過多，有鑑於此，孩子的人口減少事實上是一個可喜的現象，因為人類社會根本沒有增產的必要。假如無限制的增加人口，可預知的是全世界將因糧食不足而引發飢餓及暴動，對人類而言，這毋寧是另一場恐怖的浩劫。若要更進一步的探究現代日本出生率低下的原因，則不能忽略結婚年齡提高的這個現象。當然，結婚年齡不可能無限制的提高，所以出生率降低的現象也應該會隨之適可而止，就這一點而言，實在是沒有必要因人口逐年減少而憂慮。

就算是日本的人口減少了（事實上日本的人口目前仍在逐年增加之中），整個世界還是面臨著人口爆炸這個嚴重的問題。雖然在這之前還有人憂心忡忡的談論種族存亡的問題，但是所謂的種族存亡問題，在將日本總人口除以一千之後再來討論都來得及。與其自為擔心第三世界國家的移民會稀釋日本大和民族的血統（筆者在此呼籲，千萬不可有這種想法），而極盡能事想要增加日本的人口，還不如積極的加強對第三世界食物、教育、福利以及文化上的援助，實際幫助這些國家有效抑制人口的成長。

日本人之所以對出生率下降心懷恐懼，可能是出自於老後可能無人照顧自己，所以要多生一點，好多一點年輕人來照顧自己的想法。但是放眼第三產業蓬勃發展的現代，高齡層又怎麼可能毫無用武之地？綜觀人類的歷史，老年人自古就因其生活歷練及智慧而對社會產生諸多助益，因此，雖然時空轉移，但是相信高齡層仍能對現代社會貢獻一己之心力。

在先前東京知事的選舉中，在野黨以現任的鈴木俊一候選人年事較高為由，而另立其他候選人，這真是高齡化社會中，畏懼高齡最嚴重的時代錯誤。當然，在野黨人算不如天算，這項以年齡為理由的政策終因缺乏說服力而失敗，選舉依舊是由鈴木候選人順利當選。

每個人的壽命都不一樣，有人長壽，也有人短命。這就跟身高、體重、容貌、視力等身體構造一樣，就算是平日再怎麼悉心保養，還是無法改變先天的差異。因此壽命真可說是人類無從逃避的宿命。但壽命的差異畢竟還是次要的，因為這可視為是種種能力差別所衍生出來的結果。

「你們公司生產什麼？」

「嗯……很多東西啊！」

「你在做什麼啊？」

「準備會議的資料！」

諸如此類的簡單工作，相信老年人也可以勝任愉快。

將高齡化社會視為勞動人口減低的想法，是撇開女性進出社會、經營高齡層之工作環境、外籍勞工以及食用有害添加物導致晚發性遺傳障礙影響平均壽命等問題所得出的結論，這可依決策的不同獲得不同的結果。筆者認為，最重要的當務之急莫過於經營可供一生勞動的社會。

高齡化社會是多數人都能壽終正寢的社會。在這種新形態的社會中，人類將面臨到許多前所未有的問題，但這絕不應和過去高死亡率社會背道而馳。隨著醫療福利與產業結構的變化（轉移為資訊社會），現代的高齡層較之過去更具有活力，並且能夠貢獻社會更多的心力。假如真要吹毛求疵，則那些政客才真是不付出勞力，屬於非勞動人口的老人家。

「死亡」之為生物的宿命，不管身處任何時代都不會有所改變。只是高齡化社會將我們與「死亡」的距離拉到前所未有的近，從而讓我們不得不正視這方面的問題。戰爭時期，年輕人過著不知何時得面對死亡，惶惶不可終日的生活。而現在，身歷高齡化社會，和平讓我們幾乎都要忘記死亡的威脅，即使是這樣，生命都還是隨時與死亡同在。這種經驗對人類而言不僅是絕無僅有，我們甚至可以說，這是地球有生命以來，任何生物都未曾經歷的經驗。

●人類的生理壽命依舊進化不息

假如前述外因性死亡率（因天敵、疾病、事故等死亡）下降導致晚熟及長壽的假設成立，那麼，人類的子孫將朝更晚熟且更長壽的進化目標邁進。然而，這裡有一個問題，那就是生物所處的形質狀態未必就是最適合的。

正如現代人克服病原菌改善了公共衛生，而且經過幾個世代之後，明顯的延長了壽命，但這時候載錄在遺傳因子的人生設計還停留在原始的狀態，理所當然跟現在的生態壽命不符。但可以確定的是，其間的不同，也就是生物的進化速度跟不上環境的變化，正是造成在這種環境下出生的人類依舊能夠活過更年期這種極為奇異現象的主因。

這種奇異現象是否為生命誕生以來前所未有的呢？關於過去的生物，我們無法直接驗證。一般而言，生物的初期死亡率通常很高，老化速度也非常慢，但是顯少有生物個體能夠活到成熟年齡。後代的存活率，通常可從母體繁衍的數量一窺究竟。

換言之，正如我們在第一章曾經提到過，一個母體所繁衍的子體中，平均都只有一個會活到成熟的年齡。如果不這樣的話，地球上的生物將無止境的增加，終至無法負載。

據說同為高等生物，跟人類一樣少產的日本猴，其第一胎的死亡率通常也非常的高。因此，一隻日本猴一生所繁衍的後代屈指可數。人類較早前傾向於生很多孩子，但是死亡率也較高。現代日本人平均只生兩個孩子以下（約一・六人），但這主要是因為每個孩子都會平安長大成人。

像人類這樣的生物真是絕無僅有。比如說油蟲一年有一代會進行兩性生殖，但通常只生一隻後代。不過這不過是一種生態循環，其他世代的油蟲還是會繁衍許多後代。由此觀之，能夠理所當然活過更年期的生物，自生命誕生以來，應該只有人類。

舉例來說，北京人是否比現代人短命？就當時的環境而言，北京人的生態壽命的確是比現代人短。但問題是生理壽命。北京人的成熟年齡或是面臨更年期的年齡是不是比現在更早？如果說現代人平均的生理壽命年齡是二十歲，也許在北京人時代，平均壽命更短，因此北京人要比現代人更早熟，更年期來得較早，最長壽命應該不超過八十歲。

只要到達成熟年齡的孩子超過兩人以上，一般而言，就能保住自己的子孫。人類一次能繁殖的人數，通常不超過一到兩人，以及一年只能生一次小孩的情況，跟北京原人時代應該都一樣。假如真是這樣，那麼平均壽命越短，成熟年齡就越早，這樣對繁衍後代而言無疑是最具效果的。從這個角度推衍，則北京人較之現代人，不管是成熟年齡或是更年期都應該更早，而生理壽命則應該是比較短才對。

●老年如沒有劇本的一齣戲

生物的生活史設計寫在生命腳本，也就是遺傳基因裡。我們如何張開眼、用雙腳站立、學習語言、或者是性器官的成熟，都登錄在遺傳基因之中。這是生物在世世代代祖先所生活的環境條件下所衍生出來，最易繁衍子孫的設計。

當然，人類有許多可塑性，可以依後天的主體意識創造自己的人生，但是最基本的部份卻都已經是先天決定好的。

假如將人生比喻為一齣戲，則演員雖然也會一時興起，加入一些即興的演出，但是總的來說，戲劇發展的脈絡，大多還是寫在遺傳基因的腳本中。但是老後的一切，卻是腳本所沒有記載的。高齡是最令自然淘汰這個導演意外的發展，因此，在不及備載情況下，遺傳基因完全沒有顧到老化之後的事。所謂老化，可以說是生物本身熱中於繁衍子孫，徹底使用身體後的回報。

其他生物可能因天敵等侵襲之類的外因性死亡而中斷原來的成長計畫。也就是說，觀眾會變成程咬金，擾亂生物的成長戲碼。遺傳基因的腳本設計，是不管自然淘汰如何干擾成長進行，都還是會讓生物留下其生命的成果，但是卻沒有注意到假如沒有任何干擾發生，生命又該如何行進。

放眼現代的日本人，多不受到天敵或病原體等的干擾，而得以將一齣戲好好演到最後。因此，在遺傳基因沒有設計老後腳本的情況下，我們必須自己去思考，從而演出老後剩下的戲碼。

一般常將人生比喻為馬拉松賽跑，這個比喻雖然沒有錯，畢竟人生的確非常長，但是其中卻有一點重大的不同。馬拉松有其四二・一九五公里的終點設計，所以跑者在跑的時候已經知道自己跑多遠就會到達終點。人生卻不一樣，沒有人知道自己的人生什麼時候會結束。雖然有人抱定當孩子出生就是自己人生結束的信念，但是孩子出生之後大人畢竟還是要繼續活下去，所以雖然要為孩子犧牲時間與精神，還是得要有一點自己的生活目標才能活得好。

人生最重要的不在於壽終正寢，最重要的應該是到死前的這段時間，到底做了些什麼事？就算我們勉強將人生比喻為馬拉松，視十五公里為繁殖開始的年齡，四十二公里為更年期好了，其他生物會在剛開始的時候就出現脫隊者，二十公里的地方就是極大的考驗，根本幾乎沒有什麼生物可以跑到四十公里。相對於此，現代人跑四十公里的速度雖然沒比前人快，但是大多數的人都能跑過四十二公里還繼續不懈，甚至有人還跑到八十公里。說辛苦，其實也還真是辛苦。

●怕死的心理不在遺傳基因，而在體細胞（腦）

老化是不顧青春流逝，終其一生活過來的明證。換言之，老化可以說是人下半生的勳章。早衰並不是件羞恥的事，反過來說，長命百歲還精神百倍才不是件值得驕傲的事。問題是，犧牲自己的青春，人成就了什麼？假如一個人為了無法滿足的事情投注一生的精力，失去青春歲月到頭來還是一場空，那麼這個人的一生毋寧是失敗的。假如人不訂定自己的目標活得有意義，那麼就算是長命百歲，也不見得有什麼價值。

那麼，生存的目的到底是什麼？就自然淘汰說的基準而言，如何繁衍更多自己的子孫，就是生存價值的判定基準。但是，自然淘汰說並不是用來訂定生物生存的目的，這項法則充其量不過是用來預測設計生物生活史的遺傳基因如何擴散。我們沒有必要將自己的生存目的，寄託在遺傳基因身上。

的確，不管年輕時曾經如何的拋頭顱，撒熱血，走過多麼輝煌燦爛的歲月，人到老年，或多或少都會因死期將近而感到不安與寂寞。所以我們說，人類還是不能違抗自己的遺傳基因。遺傳基因會永遠將自己的分身留給後代，而將身體用到不能用為止。在最有效率的時期繁殖，然後再繼續用新生的身體。以永遠為目標的是遺傳基因，而不是體細胞。而主宰我們的喜怒哀樂，作為情緒主體的精神，則寄宿在體細胞的腦。

不管人類的精神生命多麼的優秀，身為萬物之靈長，人類尊貴的精神生命又是如何去思考自己如何在宇宙的起源中發生，就生物學而言，精神生命充其量不過是遺傳基因有效繁衍子孫的道具。

自然中就不存在畏懼死亡的動物（後面將提到部份猩猩、狒狒有這個傾向）。人類畏懼死亡的心理不在遺傳基因而在腦。而結束繁殖的老人恐懼死亡的必然性也不存在於遺傳基因。

簡單的做一個結論。老化是自我組織系統的生物透過遺傳資訊合成蛋白質時，累積一點一滴失誤所致。合成的精確度降低，失誤就會加速的累積。廣義而言，假如花一些成本，就能在某種程度上抑制失誤的發生。而為成長及繁殖所付出的努力，跟預防失誤的努力互為制衡關係，因此要重視哪一邊，由該生物生活設計史決定。這正是第二章所談的內容。

轟轟烈烈與細水長流兩種生命型態在自然淘汰上的有效性，端賴外因性死亡率之高低來決定。人類因克服天敵抑制外因性死亡率，使得人類的生命較之其他生物要長。而十九世紀以來因醫學進步，克服了傳染病的威脅，又拉近了生態壽命跟生理壽命的距離。在此類人類輝煌的成就之下，所有出生的孩子都能活過繁殖年齡，緊接著，隨之探訪而來的便是高齡化社會。

●老年是人類受到遺傳基因見棄的結果

不會面臨更年期的野生動物應該就不會面臨這層矛盾。對其他生物而言，活到成熟年齡是生命的第一目標，所以利害關係非常一致。在還具有繁殖能力的時候死亡，就不會為自己的身體及感覺被遺傳基因見棄的矛盾所苦。人類對死亡的恐懼，是人類（或者是被人類豢養的寵物）獨特的恐懼感，為其他生物，甚或是戰時恐懼時運不濟戰死的年輕人所無從體會。

人類的知能，是人類以其適者之尊君臨大地莫大的武器。人類擊退所有的捕食者，立足在食物鏈的頂端。十九世紀後又以破除傳染病為始，陸續大大的降低其他生物對人類的威脅，這些都拜人類的智慧所賜。

人類的努力，使得人類成為地球有生命以來，幾乎所有個體都具有老化經驗的動物。而最諷刺的是，老化也是人類首次知道自己命中註定將被遺傳基因捐棄的時期。前面我們曾經提到，所謂精神生命，只能有一代的生命，精神生命存在於屬於體細胞的腦之中。但是體細胞的遺傳基因並沒有記載老後人類應該如何活下去的設計資料。這就是為什麼我們說「老後」是人類被遺傳基因見棄的時期。

我們的ＤＮＡ記載了我們的生存之道，但是卻沒有說明繁殖年齡過後，也就是更年期以後的人類該何去何從。所以，我們可以說，老年是被ＤＮＡ見棄的一段時期。

被遺傳基因拋棄的老年人應該如何活下去？這個問題，生物學無法提出解答。既然無法提示老年人的生存之道，當然，也不可能告訴年輕人該怎麼活。沒有終點的馬拉松怎麼跑也跑不完，不是嗎？

不過話說回來，年輕人的問題還可以暫時擱置。畢竟年輕人還可以在適婚年齡結婚，接下來生孩子，然後渾然不覺在青春逝去，毫無人生目標的情況下過一天又一天。畢竟，很少人會去想，為什麼自己的孩子對自己會是唯一之類的問題。因為，這種事情幾乎是理所當然，反而是有所懷疑的人才需要覺得罪惡。另外，對他人而言，也許壓根不會去思考孩子對自己到底有什麼重要性。

也許相較之下，老人會比較重視自己的子孫。不管老人是不是意識到自己被遺傳基因見棄的不安，或多或少都會因為年紀大了，而將自己未完成的夢想寄託在下一代身上。

這並沒有什麼不好，不過這或許又會牽扯對死亡的不安，因此，將夢想寄託在下一代身上終究不是解決問題的根本辦法。這種沒有解答的難題，恐怕就只有老年人才能體會箇中滋味。

你不是對我說過好幾次了嗎？如果沒有永遠的神，就沒有所謂的善行，更何況，所謂的善行根本就不存在……

上面這段話語出自杜斯妥也夫斯基《卡拉馬助夫兄弟》（米川正夫譯，河出書房新社出版）史梅爾傑可夫所說的話。這段話說明主張無神論時價值觀的崩毀。

自古以來，人類所謂的存活價值，通常都是幻想。那並不是出自於合理的、論理性自我完成的理論。其依據通常都是宗教或是哲學。因此，就算是生物學提出老人被遺傳基因見棄的論調，或是人類的精神只不過是遺傳因子所使用的道具之一等等，都不足為奇。

唯一麻煩的是杜斯妥也夫斯基實驗性對神的否定，只不過是說明基督教徒喪失了人生的目的。但是遺傳基因所具有的利害關係，卻左右著我們的精神、身體的組織架構，以及在生物學方面對生活史設計上的影響。所以也可以說，這的確是不容易解決的問題。

●生物學無法解答老人的生存之道

人類應該怎麼去做人生規劃呢？很遺憾的是，生物學無法提供解答。不過，進化生物學卻可以提出一個觀念上的建議，運用的是理論的相同性。並不是活得又長又久才是人生，最重要的是該找出自己的生存價值，哪怕將耗費許多生命力。當然，生存價值應該自己去探尋，說得直接一點，欠缺目標只是一味苟延殘喘拖延生命的人，根本就是缺乏生命熱情，無法達成一己目標。

比如說儲蓄是以備萬一，但是多餘不用的錢也可以省下來儲蓄。青春也是同樣的道理。壽命是為了供生命消磨而有的。但是除非是遇到有價值的事，否則就不應該勉強自己，賠上身體健康。人終其一生總會有幾個讓自己投注心力的工作，為了不讓自己喪失大好的機會，而在機會來臨時能夠有健康的身心投注於工作，平日就應該注意身體保健，儲備體力。

比如說，我現在用文字處理機寫稿子的同時，可能已經對我的視力造成不良的影響。現代社會的電腦等資訊處理機器注重的是效率跟價錢，卻完全不在意人的健康。就連經濟學也不是研究如何增進人類幸福的科學，是基於經濟疏通的前提，而研究人類追求利潤途徑的一門學問。說得誇張一點，我現在寫稿，就已經是在消耗我的生命了。

不管什麼樣的工作都會耗損生命。儘管日本現在太平笙歌，一片祥和，仍舊不改死亡總有一天會降臨的宿命，因此沒有所謂絕對安全的生活。值得做的工作如果需要付出一點代價，冒一點危險當然是在所難免。畢竟，這總比什麼都不做就死去少一點遺憾！自古以來就說死有輕於鴻毛，有重於泰山，不管怎麼活，就算是幸運的活到老，也無法自籠罩於死的宿命陰影中跳脫出來。

不過，換個角度想，也許高齡期正是從遺傳基因的詛咒中解脫，真正可以做自己想做的事的自由時期。因為，遺傳基因已經不顧老人的死活了。也許我們可以說，老人才擁有不受遺傳基因束縛的自由及輕鬆。也就是說老人在過去的生物教訓中，獲得一些經驗，而這也許是年輕人正可以向老年人學習的地方。

因為老年不受遺傳基因的束縛，所以人類的生命得以延長。也正因為這樣，所以人類就更必須進一步脫離生物學，探索人類真正的價值，以及何為自由的生存方式。

●繁衍子孫的意識有沒有價值？

不管是什麼樣的生物，都可以過自由的一生。假如蟑螂跟人類一樣有意識或智能，即使蟑螂的生命可能比較短，也許會出現與其繁殖後代，不如到處旅行，尋找生命價值的蟑螂，或是有想要自殺的蟑螂。自殺也許需要比人類更高度的智能也不一定。因為就算是人類真正徘徊在生死一線的時候，也許還是不會想到要自殺。更何況有信心、有信念的人還會犧牲一己的生命救助他人。比如說，鯨魚跟海豚就曾傳出這樣的佳話。

自然淘汰說主張繁衍子孫的行動假如是遺傳性的設計，就應該經由自然淘汰廢除之。但是假如繁殖的行為只是個人的想法，或是模仿他人，則不管這是什麼樣任性的行為，都無法經由自然淘汰將其排除。就這層意味而言，有意識的人類不管是長壽或是短命，又或者是年輕或高齡，都具有不受遺傳基因束縛，能夠自由生活的主體性。

現實中，假如遺傳基因發生突變，遭遇到過去從未發生過的狀況，則就算是毫無意識，生物在繁衍子孫時，也會顯得非常沒有效率。這就說明，並不是所有的生物都是為傳宗接代而活。

不過，在這裡並沒有強調所有的生物都能擺脫遺傳基因的束縛，從而自由生活。自然淘汰說「留下後代機率越多的遺傳基因才得以進化」的原則之所以有效，最主要是因為生物都依照遺傳基因的設計圖生活，而這正可說明多數生物的行為模式。就這個層面而言，生物仍受制於遺傳基因。

也許有些讀者會認為生物進化的結果是盡量繁衍自己的子孫，而人類不僅是靠本能，更一步的，人類靠學習及獨創的想法繁榮族群。假如老人的生存之道不載錄在遺傳基因中，則這時老人就更應該發揮一己之主體性，透過自由的智慧跟努力，致力於繁衍後代。

這種想法有一個論理上重要的歧異點。首先，假如這種生活風潮真的盛行於世，未必見得每個人都要跟著潮流走。自己的生活方式，可以在自然淘汰繁衍子孫的規範之外自由決定。第二點是這種生活方式是否會真的流傳於世？遺傳所決定的生活方式會進化為繁衍子孫，是因為這種生存方式載錄在遺傳基因裡，只要繁衍更多後代，便可以期待會有更多的子孫採取同樣的生活方式。就算是自己費盡苦心繁殖了後代，後代也未必會跟自己有同樣的想法。遺傳基因由父傳子，所以因為遺傳，有極高的機率會導致孩子跟父親採取同樣的生活方式。但是，相對的，思考卻未必會遺傳。

為了讓自然淘汰說有效運作，個體生存方式呈現多樣性，因應生存方式所殘存的後代數目也都不一樣，最重要的是，生存方式會遺傳。雖然有意識的繁衍子孫是一種自由，但是這種想法會不會「進化」，就是一個很大的疑問。

第五章

文化之死、生物之死

●生物學是了解人類的科學，但是……

到第四章為止，我們大約已經都將本書應該討論到的議題都論述完畢。但是尚有一些問題是輕輕帶過不曾深談，或者是故意不去談的。因此，在最後一章裡，我們想要就這些問題說明。

首先要談的是環繞死亡有關宗教、哲學以及社會科學方面的問題。關於這一點，筆者站在生物學立場，在本書中一直都在一定的界限外，持尊重的態度視之。但是，最近卻有一些新說法，主張生物學能夠取代宗教、哲學及社會學，為人類之生存及文化等相關問題提出解答。關於這一點，筆者在此想提出相反的意見。此為其一。

第二點跟第一點或多或少有一些相關，在此要反覆更進一步說明的是有關於自然淘汰說的問題。為了讓讀者能清楚的了解本書的主題思想，筆者不斷的用最簡單的方法說明自然淘汰的主張。因此，也許有些讀者儘管讀到這裡，還是會有些不明白的地方。

為這些讀者解開疑問，也是我們作者的重要責任之一。因此，本章的後半主要談的都是所謂「正確的自然淘汰觀」。只要看了這個部分，相信讀者就會了解為什麼本書要說人類受了遺傳基因的詛咒與束縛，又為什麼老後是從這些束縛中獲得解放的真義。

●流行也會自然淘汰

在不久之前，日本經濟還是由重工業支撐的時代，小學教科書中便寫著「日本由輕工業轉為重工業，又由重工業轉為重化學工業中心的國家」。這時候，不僅物價不斷上漲，所得也朝著「加倍」的目標邁進。但是因石油危機，現代成為廣告代理店的全盛時期，輕薄短小當然不用多說，如何創造生活必需品以外的消費逐漸霸佔產業的中心地帶。這樣的時候，物價因土地及公共費用的影響而安定，所得薪資也不過只升了一點點。

日本這個國家盲從流行，只差沒連貓狗都要跟著人背著同樣的皮包，穿著同樣的衣服走在大街上。為了確立需求不斷的營業方針，廠商不得不在流行上動動手腳，讓消費者之間瀰漫一股追隨流行的熱潮，刺激消費者唯恐稍稍落後就會被人譏笑為落後的恐懼。

流行跟自然淘汰有諸多共通之處。根據英國進化生物學者理察多金斯的說法，人類不僅只靠遺傳基因將行為模式傳給後代，還會因文化之不同，將自己的行動規範也留給下一代。這種承傳的文化單位相對於遺傳基因，多金斯將其命名為「模仿記憶法」，語出《記憶》。這種承傳不只限於親子間的影響，它就像傳染病一樣，會擴散在同世代的朋友之間，也有可能透過年長者將其行為模式傳給毫不相干的年輕人。

在這層意味上，文化就像是一種傳染病。下面我們會從進化的角度討論傳染病宿主（受到感染的一方）受到什麼樣的影響，而這種影響的理論架構就跟文化的影響是相同的。比如說迷你裙風潮之盛行跟流行性感冒之風行原理事實上是相同的。

事實上，雖然追求流行者多，但是忠於自我品味者亦不乏其人。從小地方進到大都市，為求跟大都市文化合而為一，不免過度追求流行，不過有些生意人還是著眼於注重活出自我的族群，這些特別重視發揮自我個性的人，在流行風潮中常被視為是不解風情的一群。

人類自有其為生物之本性。人類繼承許多進化為北京人之前的遺傳基因。因此，我們可以站在生物學的立場上主張人類也許具有戰鬥的本能，或者是原本就隱隱具備男尊女卑的觀念。

更進一步，我們可以用自然淘汰法預測、分析人類社會容易流行哪些文化。這就是接下來我們要介紹的社會生物學的主張。比如說有遺產繼承制度跟沒有遺產繼承制度的社會到底哪一個容易持續就可以成為一個議題。如果只是要討論什麼比較容易存活，則就算是將對象由生物轉移為人類，還是可以用科學的方法分析。

本書從生物學的觀點，討論了所有生物，包括人類之死亡的必然性。所有生物的形質，都是為了有效的繁衍自己的子孫，而未必是為了族群的繁榮，這一點，可以從自然淘汰的角度得到有力的說明。從這個角度討論死亡，乍見之下似乎是背道而馳。但是在某種意味上，這可以說是生物學對宗教、社會科學以及哲學的挑戰，同時也是對我們人類自身感性的挑戰。只是本書中所討論的內容並不是將宗教、科學、哲學所討論的「死亡」主題，當作自然科學來談。

●社會生物學煽情的主張

當然，我們的目的並不是透過追求自然科學的答案，去解開宗教、哲學及社會生物學的課題。畢竟，「死亡」是自然科學所無法解決的難題。

但是，卻有以自然科學為目標闡明死亡的「生物學」書籍問世。這些書屬於社會生物學。比如說愛德華威爾森所著《關於人類的本性》一書，或是理察亞歷山大所著的《達文西理論及人類的種種問題》（岸由二譯，思索社出版），都是透過廣泛作用在生物界的自然淘汰邏輯重新審視人類，從而改寫過去宗教、哲學或是社會科學所討論的內容。

下面我們就以研究社會性昆蟲，諸如螞蟻、蜜蜂而聞名的美國社會生物學者愛德華威爾森之著書《關於人類的本性》為底本做介紹。愛德華威爾森是最著名的社會生物學者，他不認為人類的本性一定是遺傳的。不過，並不是所有的社會生物學者都跟他持有同樣的論調。

威爾森首先提出「人類是自然淘汰的產物」這項命題，從而說明這雖然不是一項很有魅力的命題，但卻似乎無從迴避。威爾森主張「唯有在這個命題之下，人類的本性才能徹底的成為經驗研究的對象」，並以此強調社會生物學的必要性。

追求此「新自然主義」，無可避免將面臨「兩大精神性矛盾」。這兩項矛盾之其一為「任何生物都不具備超越遺傳歷史所形成的各項規範的能力」。當然，人類也不例外。也就是說，既然我們的腦是自然淘汰的產物，那麼連特定的審美觀或是選擇宗教信念的能力之形成，都同樣受制於自然淘汰機械性的過程。這也許非常令人沮喪，但是對我們而言，卻不應該將其視為是一種矛盾。

威爾森提到的第二項矛盾是「人類面對內含於生物學本性的複數倫理，該如何選擇」。

在這裡，威爾森積極認定應該維持自然淘汰的多樣性，並認同人類既為自然淘汰之產物，就必需在潛藏於生物學本性的複數倫理前提中，有其為生物之任意選擇權。如果這些複數的倫理是現存所有的前提就沒問題，但是，社會生物學通常只在事後做判斷，對於該選擇哪一項倫理前提，則根本沒有言及。本來這樣應該就沒有問題了，但是威爾森繼續提到下面這一段話。

今天，科學已經進化到可以用進化生物學機械性的理論架構闡明傳統的宗教。假如可以有實際的說明，則傳統宗教作為道德外力泉源的威力將喪失殆盡。因此，解決第二項矛盾可說是燃眉的當務之急。

但果真是這樣的嗎？假如盛大舉辦婚禮的風俗具有抑制夫婦因一點爭吵就鬧離婚的效果，年輕人是否便不會嚮往結婚典禮？如果科學證明血型或是占星數毫無根據，是否大家就會喪失興趣？

也許在某一時期，大家會對隆重的婚禮感到失望。但是也許有一天大家又會開始盛行舉辦盛大的婚禮，或者興起新的流行。也許，社會科學還能證明人類的生活並不全然合理也不一定。不管是實存主義或是馬丁路德所主張「唯信宗教」的宗教改革，亦或是更早「色即是空，空即是色」的佛家教義，所言皆同。

社會生物學不過是將過去人類價值觀的矛盾，用最新的科學知見加以感性的包裝罷了。這些闡述社會生物學的學者也許意識到這一點，因為這或許是讓世人目光集中在社會生物學，讓社會生物學成為風靡的新興學科的必要手段（就這層用意而言，本書也是同樣的）。

人類任誰都有違背感性而貫徹意志的經驗。若這種行為可以經由旁人的模仿，從而帶動流行，則此行為就社會生物學的觀點而言，就屬於淘汰的產物。但是假如沒有人模仿，同樣貫徹一己之意志，是不是就注定要受到否定？舉個例子來說，烏鴉繁衍得非常多，但較之烏鴉，似乎瀕臨絕種的鷹會受到更多的關注。

再舉棒球的例子來說，除了巨人隊和西武隊的死忠球迷之外，還有支持日本火腿跟大洋隊的球迷。至少，阪神隊的球迷不會因為阪神隊二十年沒拿到冠軍，就改絃易轍變成巨人隊的球迷。

不管如何追求流行，順應時代的潮流生存，每個人都同樣會面臨死亡。就淘汰而言最有利的傳宗接代，在追求自我長生的觀點上卻是有害的。

●適者生存的原理

自然淘汰所言之「適者」，跟我們所認定的不一定一致。正確來說這到底是怎麼一回事？還是細說從頭好了！

自然淘汰之基本模式是留下傳宗接代的生存模式，廢除以外的東西。這種模式被稱為「適者生存」，乍見之下，似乎是剝奪生物的多樣性，將各種生物都套上同樣的外在，並令其以同樣的方式生存，而造成一成不變的世界。但是，事實上，人類各自有其不同的性格，而世界的生物，也表現著豐富的多樣性。這也是前面所介紹威爾森的社會生物學所認同的。

為什麼會維持這樣的多樣性呢？要知道其中的原委，必需從理論架構上去了解適者生存的原理依據什麼樣的條件成立，而當這些條件不成立的時候，又會演變出什麼樣的結果？

自然淘汰因遺傳基因的關係，使得不同個體之間繁衍子孫的難易度不同，遺傳基因容易繁衍後代的個體比例隨著世代的推移而有擴散的趨勢。遺傳基因是生物的生命設計圖，因是設計圖，所以只要遺傳基因不同，生物的外型或者是生活史的設計便會或多或少有所差異。大部分的時候，自然淘汰都會使得繁衍子孫的適應度產生些微差異。因此，自然淘汰的結果所留下的都是最適合生存的後代子孫，其餘的都毫不留情的絕種。

這是自然淘汰最簡單的解釋，也是自然淘汰的基本概念。英國集團遺傳學創始人之一的羅那多費雪說得更確切，他提倡自然淘汰的基本定理如下：

> 集團中個體數非常多，各遺傳因子的適應度各世代都應該一樣。但是當突變發生的時候，集團中各個體適應度的平均值就會隨著世代上升。其增加的頻率跟當世代集團中各個體數適應度分散的程度互為比例。

適應度低的個體減少，會帶動適應度平均值上升。因此，只要個體間存有適應度的多樣性，適應度低的形質就不會被排出，直到最適合的形質出現適應度才會停止上升。這就是所謂「適者生存」的原理。

但是，這個基本原理存在著「集團性大小、適應度的不變性跟突變不存在」的但書。同時，實際上，生物存有許多個體的變異，其中也有許多是親子之間遺傳性的突變。而這個適者生存的基本定理剛好跟現實矛盾。

●自然淘汰維持的多樣性

牛頓力學主張沒有摩擦物體便不會永久等速運動，而正如牛頓力學的慣性法則無法在有摩擦的現實世界成立一般，自然淘汰法則也無法在現實世界立足。實際上生物之所以具有多樣性的原因，就在於但書的部分不夠充分。

牛頓力學的好處在於有摩擦的時候，也能用將慣性法則以數學性擴張的微分方程式記述物體的運動。費雪的自然淘汰基本定理也是一樣的。個體數較少或是表現型的適應度以一定的規則變化，而突變也以一定規則發生時，這個定理就能用數學式擴張。

首先，突變不斷發生的時候，不利的少數派會進而取代之，使得多樣性永久保持。此種現象是為「突變與淘汰之均衡」。另外，兩性生殖生出不一樣的第二代，主要原因也是起源於維持多樣性。比如說，假設AB型血液是就淘汰而言最有利的血型，則就算雙親都是AB型，還是有四分之一的機率會生出A型跟B型的孩子。

但是突變不足以說明維持在生物體內豐富的多樣性。因此，有人提出適應度不由遺傳基因決定，而隨著世世代代以及環境改變而改變。尤其是生態學肉眼所見的表現型，也就是關於左右生存跟死亡之道的表現型，更是具有此類強烈的要因。

這種說法又分為兩種。一是天候跟食物等外在環境，會隨著物種世代更迭而有所改變，因此，在某個時代，也許某種生存方式較有效，但是換個時代，也許另外一種生活方式比較有利。這就是所謂的維持多樣化的「多樣化環境說」。另外一種是一個世代中因出生場所不同，會導致有利的生存方式不同，此稱之為「不均一環境說」（或稱為「適才適所說」）。這些說法在一九五〇年代受到廣泛的議論，同時並持續作著數學性的檢討。但是，還有一項假設。這項假設主張同一個族群不同個體的生存方式即使有同樣的表現型，也會有不同的適應度。這種說法稱為「頻度依存淘汰說」。

頻度依存淘汰說舉個例子來說就是假如同種的其他個體有較多的紅花，則白花在淘汰上就占了優勢。相反的，如果白花較多，紅花就會占優勢。此稱為少數派有利的頻度依存淘汰說。當然，跟這個說法相反，紅花較多的時候，紅花在淘汰上就會占優勢，白花較多，白花就會在淘汰上占優勢的多數有利頻度依存淘汰說也不是不能成立。只是，後者在維持多樣性上會呈現反效果。

●因為遺傳不完全，所以生物不斷進化

個體的子孫是否容易生存，不僅端賴於個體本身的生活方式及環境的條件，假如個體週遭的生活方式也是影響的因素，則最適者生存的原理就不一定能夠成立。生物不管是在同種的內部或是不同種之間，都具有非常豐富的多樣性。如果自然淘汰毫不作用，而只是隨便決定哪個遺傳基因遺傳給下一代，則生物可能不會發生所謂的多樣性。雖然聽起來有點本末倒置，但是也許我們可以說多樣性是由自然淘汰所創造出來的。

環境會永無止境的變化。假如生物系統非常完全，絕對不會發生突變，則生物將不會進化，在這樣的前提之下，面對地球環境的變化，生物的因應速度將不及環境變化之速，而早就在地球上消聲滅跡。原本生命之所以會誕生，就是因為突變產生的緣故。

自然淘汰並不將突變所製造出來的多樣性，僵硬的以一元化的尺度劃分。比如說，不一定大就是好，小就比較差。舉例來說，大象吃的食物跟螞蟻吃的食物在比例上差很多，但是就算是大象不吃牠的食物，螞蟻也未必能取而代吃。生物所居住的環境，實在有其多樣性，而生物也各自依其大小，適才適所選擇適合自己的環境，從而具備各自的特徵。

相對的，也許有人會想，以堆積在深海的死骸成份為食物的深海魚等到底有什麼生活的樂趣？事實上，就是因為深海有繁衍子孫的空間，所以才會有生物棲息。

但是適才適所繁衍的生物並不是都享受到同等的壽命。就像老鼠，雖然繁殖力非常強，但是壽命卻比蝙蝠還短。只要是後代能夠生存的環境，不管是什麼樣的環境，生物都會去適應，但是壽命卻各自都不同。話說回來，不管是多麼安樂的環境，都沒有能夠享受不死的生物。

突變所創造出來的多樣性，及環境的多樣性和自然淘汰才是生物進化的原動力。

只是，就算能夠緩和自然淘汰的不均衡從而維持多樣性，還是有許多問題存在。而自然淘汰也會發生許多排除多樣性的情況。因生物進化的過程中可能維持多樣性，所以主張人類不應該排除多樣性的想法，讓人不由得聯想到生物排斥其他物種，所以人類也能排除其他物種的歪理。這終究無法跳脫以生物引導人類生存方法的議論。

●生存，是或然率的問題

自然淘汰說正如前述，是排除多樣性又維持多樣性非常深奧的一門學問。也許還有讀者無法理解。比如說，自然淘汰說明進化的結果是生物進化為容易繁衍子孫的生活形態，但是有人批評這種說法是反覆同義語。也許一一回辯批評，是理解事實最好的方法。

所謂自然淘汰指的是遺傳基因各自擁有不同的設計圖或生活史設計的個體之間，因繁衍子孫的難易不同（我們將此稱之為「適應度」），使得擁有適應度高的設計圖或生活史設計的個體在下一個世代繁衍時，比較容易繁殖。而實際生存的第二代數目，受到偶然「機運」極大的左右，這一點，我們會在下面進化的中立說詳述。而且這之間還有容易生存跟不易生存，也就是實力差別的問題存在。所謂進化的自然淘汰說指的是主張適應度成為進化主因的學說。運氣跟實力孰者具有較大的影響力，在不使用或然率論這種數學手法之前，無法作任何評價。

但是，自然淘汰說受到誤解。對自然淘汰說產生誤解的，不只是生物學的門外漢，還包括進化生物學者以外的一部分生物學者。就連高中的教科書都沒有寫明種的保存是種錯誤。在誤解自然淘汰的生物學者之中，有許多人學藝不精，將易生存形質進化的自然淘汰說核心，膚淺的當作是誇大事實的一門學問，而不進行深究。

相對於此，理論生物學者太田邦昌所寫的《進化學——新總合》（日本動物學會編，學會出版中心出版）一書中提到，自然淘汰說理所當然的情況就等於或然率之理所當然。我們可以透過自然淘汰看到生物以極不可思議的形態及行動進化的例子。不管壽命如何延伸，終究沒有絕對安全的生活方式。相對於此，也有人冒險患難，卻平安無事。撇開或然率的觀點，將無法用自然淘汰說來說明生物的壽命及生活史設計的內容。

舉例來說，有人會因抽煙死於肺癌，也有人抽煙卻長命百歲。但假如因此就主張抽不抽煙都一樣，則有可能是不知道或然率，也有可能是有意圖的無視或然率。這跟添加物既然存在於所有的食物中，在意也於事無補的想法一樣。如果認定生與死都是或然率的問題，沒有什麼百分之百的安全，因此就輕易的陷入虛無主義裡，則又嫌操之太急。如何成功，端賴當事者的價值觀，而在探討人類的生死觀時，或然率的觀點也是不可或缺的。

●與自然淘汰說對立的定向進化說

對於反覆同義語的批判，還能提出另一項反辯。如果自然淘汰說真的只是用假定的結果說明理所當然的事實，那麼，對立的假設應該不會成立。事實上，自然淘汰說有許多對立的假設可供檢證。

比如說，定向進化說就是一個例子。自然淘汰說主張長毛象的大牙跟長頸鹿的長脖子都是為了便於傳宗接代，但是，生出長脖子跟短脖子的可能性是等同的。只不過是自然淘汰認為也許長脖子的後代存活率較高，因此能繁殖更多的子子孫孫。

相對於此，因為生出脖子較長的第二代可能性比生出短脖子的可能性高，因此脖子就越變越長的說法也不無道理。也就是說，定向進化說主張，進化不是因應適應度的差別（自然淘汰）產生，而是因為突變而發生。關於這項說法，只要找到一種現在正在進化中的生物，實際去作科學檢證工作，就可以知道這項假設是不是正確了。

那麼，為什麼象牙較長的公長毛象比較容易繁殖後代？雖然我們無法直接以科學方法觀察長毛象，但是因孔雀的羽毛跟鹿角等都有類似的情況，因此下面就比照這些案例進行說明。

孔雀的羽毛跟鹿角在覓食時不僅完全起不了任何作用，還會妨礙覓食的工作。而且因為這些東西都非常顯眼，加上不易逃生，所以遇到天敵侵襲時，很容易就陷入被害的危機之中。假如自然淘汰的定義是在繁殖後代前先確保性命安全，則很明顯的，孔雀的羽毛或是鹿角都是非適應性的形態。

不過，話又說回來，假如雄性動物不受到雌性動物青睞，那麼，活得再久恐怕都沒辦法繁衍後代。在這裡要重複說明的是，最適合的生存之道，就是最適合的死亡之道。假如生命只是一味的畏懼死亡，則無法成就生命的意義。雄性動物形質之適切與否，必需將與雌性動物交配成功的過程列入考慮。因此，不管是孔雀的羽毛或是鹿角，抑或是獨腳仙的角，都是雄性動物特有的形質，同時這也是吸引雌性動物的魅力所在。

也就是說，雄性動物為了要有效的繁衍後代，將自己的遺傳基因留給後代，不惜將自身

達爾文所言之性淘汰概念

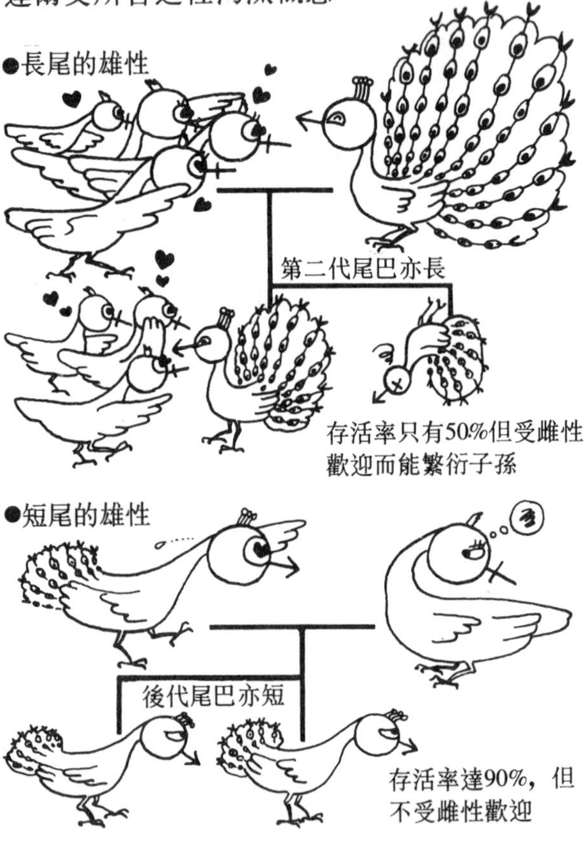
●長尾的雄性
第二代尾巴亦長
存活率只有50%但受雌性
歡迎而能繁衍子孫
●短尾的雄性
後代尾巴亦短
存活率達90%，但
不受雌性歡迎

雄鳥若不受雌鳥青睞，則不論生命多長，都無法繁衍子孫。雄孔雀的長尾巴表現對母孔雀的性吸引力，若能善盡長尾巴的威力，跟更多的母孔雀交配，則就算是壽命極短，都依舊可以繁衍許多子孫，這便是達爾文所說的性淘汰。

暴露在危險之中，也要表現出吸引雌性動物的外在形質。基本上這就是達爾文所說明的內容，又稱為性淘汰。（請參照頁一九六）

●為增加後代而運作的自然淘汰，反而可能導致絕種

有一說認為長毛象之所以會絕種，是因為其象牙過大的緣故。事實上，長毛象的絕種原因最主要是因為地球環境產生變化，導致棲息條件遽變所引起，所謂象牙過大的說法不過是一種通說。但是姑且不論這個通說有沒有事實根據，至少，這個說法跟自然淘汰說產生理論上的矛盾，光就這一點來看，就有討論的價值。

自然淘汰主張進化不是為了種族的繁榮，而是為了有效的繁衍自己的後代。因此，假如象牙比其他公長毛象大，就能跟許多母象交配，那麼公象的象牙將越變越大，隨之公象的動作也就越來越遲鈍，這樣一來，存活率也就越低。話又說回來，假如公象全部都有大小一致的象牙，則每頭公象將獲得與母象平等交配的機會，而且，象牙也不會對生存造成負面的影響，似乎就沒那麼麻煩。但是，事實可不會這麼單純。為了繁衍更多的子孫，生物選擇受到雌性動物青睞的外在形質，就長毛象而言，公象選擇了巨大象牙的進化方向。

進化生態學將這種情況稱之為「軍擴競走(arms race)」。性淘汰就跟軍擴競走的原理一

樣。就算是物種全體的存活率低，遇上環境變化等導火線導致絕種，跟自然淘汰說也不會有任何的矛盾。

也就是說，所謂自然淘汰說是主張同物種之中，進化會朝著容易繁衍子孫的生存方式進行。至於預防物種絕種則不在進化領域之內。這跟自由競爭的結果，為了想要獲得高利潤，所以拼命施肥，卻弄巧成拙將農地變成沙漠；或者是市場經濟因和談或貪污而失去人民的信賴，招來亡國恐慌是一樣的道理。農業國家美國，目前就面臨了沙漠化的危機。

●帶給自然淘汰說衝擊的愛滋病菌

在定向進化說之外，還有「獲得形質遺傳說」也是跟自然淘汰對立的假設。這是史達林時代的蘇俄學者托洛佛姆所提出來的。

在達爾文主張自然淘汰說的時候，並不知道孟德爾的遺傳架構。其後，自然淘汰說囊括了孟德爾的遺傳學，而稱為綜合進化說。後來主張母體所發生的變化（獲得形質）不會遺傳給孩子，只有生殖細胞發生的遺傳變化（突變）才會進化的學說落實下來。而隨著遺傳基因的架構受到解析，遺傳形質不會遺傳的謎也解開了。

遺傳基因（DNA配置）作為生物的設計圖兼劇本正本，在細胞中會將其副本轉寫到RNA

中，而轉寫到RNA的資訊又會被翻譯為蛋白質，從而製造生物的身體。但是反向的運作，尤其是蛋白質（胺基酸配置）到RNA資訊的反向運作卻是生物界所不知。因此，身體，也就是蛋白質的聚合體產生的變化，不會被記載到遺傳基因裡，也不會遺傳給下一代。這種情況稱之為「分子生物學的中心假設說(central dogma)」。假如生物體內逆向轉譯的運作流程獲得科學的證明，那麼，綜合進化說就將面臨重新檢討的局面。

科學彷彿一門跟現實生活毫無關係的學問，而在外行人的眼裡，科學家就像是為無關生活痛癢的事去賭命的一群傻子。比如說，前不久物理學者才深信，素粒子世界是無法在映出的底片上區別出它到底是左右逆向，或是逆時間，抑或是正反向。但是，自從可以區別的現象為人發現之後，物理學的體系便馬上有了極大的修正。分子生物學的中心假設說就跟物理學是一樣的。

在不久之前，大家還都相信DAN→RNA→胺基酸的資訊流通完全是單方向的。但是引起愛滋病的愛滋病毒跟逆轉酵素被發現之後，RNA→DNA的逆向流通才受到證明。而這也帶給分子生物學者莫大的衝擊。這現象說明遺傳基因不單純由母體或父體傳給下一代，還有可能經由病菌等媒介，進入其它生物的遺傳基因中。而這個事實，也經由後來的研究獲得證實。

這對自然淘汰說而言是莫大的衝擊，使得自然淘汰說不得不做修正。目前，這項修正工作仍未完成。如果接下來胺基酸→RNA的逆向轉譯途徑亦獲證實，恐怕獲得形質遺傳說將再度受到衝擊。

●進化中立說

進化論中有一項「中立說」。當A與B兩個遺傳基因（設計圖）同時存在的時候，哪一個將遺傳給下一代，就自然淘汰說的立場來看，是取決於適應度（實力）的差別。但是假如兩者之間的實力不相上下，就必需靠偶然的或然率（運氣）來決定。提倡這項說法的木村資生博士們（國立遺傳學研究所）利用算式，算出了勢均力敵到什麼程度才由運氣決定遺傳的機率。同時，他們也提出在酵素或是血紅素等的DNA排列中，有許多遺傳上的突變實際上並沒有太多實力差距（中立的淘汰立場）的報告。

自然淘汰說並不是在達爾文時代就完成的，甚至我們可以說，這項學說到目前為止都仍不甚完全。不管是偏向突變，或是中立性突變之存在，只要觀察遺傳基因就可知這些都是不容否認的事實，因此，今後，自然淘汰說在發展同時，還是必需要將對立的假設列入考慮。

這對科學而言，是非常一般的現象，因此我們可以說進化生物學不僅不能用同樣的方法檢視，還必需耗費長時間觀察，同時進化生物學還具有相當的科學性，是一門可提出反證（只要一發現新的事實，就必需馬上否定舊有的學說，並即時訂正）的學問。

自然淘汰說被科學家認為不太科學的原因在於說明現象的理論過少。牛頓力學的慣性法則（運動的物體，只要沒有摩擦，就將永遠的動下去）或是比薩斜塔的實驗（不管是輕或重，物體掉落的速度都是一樣的），在當時都是從非常令人意外的法則中架構出來。

連蘋果從樹上掉落，地球繞太陽轉，牛頓都可以用同樣原理說明的普遍性正是其法則的魅力所在。而這些原理可正確且實際用於決定建築物的強度或是控制人工衛星，也受到世間極高的評價。

自然淘汰說的基本原理是「進化朝著有效繁衍後代的方向邁進」，乍見之下平凡無奇，而且因為缺乏再現性，也因為數學的精密度不夠，而給予外行人不管怎麼樣進化，都能夠用結果論說明的印象。這導致上自馬、象、靈長類等大規模進化，到流行性感冒病菌及人類免疫系統的進化等切身的普遍性問題，都可以用自然淘汰法則進行討論這點不太為人所強調。

進化論的內容不在說明物種的不變性，而主張從細菌到人類都有共同的祖先，這個說法比地動說還要具有衝擊性，但是為了讓一般人也能輕易的了解這個主張，所使用試圖讓外行人都淺顯易懂的說明卻反而弄巧成拙而不受重視。讓一般人都懂對進化生物學家而言是件值得驕傲的事，但是討論繼續深入，假如無法細細吟味其中奧祕，則還是不能稱之為是一門學問。

關於突變，最近有一個挺有趣的理論被提出來。通常，正如前面我們提到「淘汰與突變的均衡」時說過的，當一個生物原本因為身軀越大越好，因此正常都是朝大身軀的方向進化，但是某一天發生突變，使得身軀變小的機率開始越來越高。通常突變會在這時候受到討論。只是從實際的生物資料測定這種突變，在現階段還是非常困難的。

不過，在性淘汰方面，卻提出一個令人意外的理論。以前的性淘汰認為不管角長得較大的雄性動物會受到雌性動物多少青睞，因為大角的雄性動物存活率低，所以只要沒有突變，角便不會朝大方向進化。但假定小角方向的進化較容易發生突變，則朝大角進化的可能將會實現。這些乍見之下可能出乎於意料之外的事實，來自於日本的理論生物學者巖佐庸博士跟英國的年輕學者安德魯博士所提出的理論。

正如帆船沒有風就不會動，但假如是逆風，帆船依舊可以前進一般，突變也需要一些例外。而這個例外就算是跟進化方向背道而馳也無所謂。（詳見科學社之月刊《數理科學》一九九一年八月號巖佐庸著《美的進化＝性淘汰的逆說》）

突變會偏離往大的方向，所以會進化出大角，毫無意外的這不屬於自然淘汰，而是定向進化說。其最有趣的地方就在於逆向引導之處。

●文化就像傳染病

前面我們將迷你裙的流行風潮，以流行性感冒做了比喻。相對於此，傳染病對受到感染的感染者雖然有害，但是文化可以在人與人之間自由模仿，也可以無視於它的存在，也許還有人認為承傳文化絕對有益處也不一定。其實，傳染病不一定對感染者有害，而文化也未必見得一定會帶來什麼利益。常常，寄生跟共生會被分開來用。一般認為，寄生對宿主將造成繁殖上負面的影響，共生則會為宿主帶來好處，但事實上，這是兩個非常不容易分清楚的概念。

比如說，大腸菌寄生在宿主的腸子裡，會促進消化，卻相對可能造成宿主不孕。雖在淘汰上有害，但是大腸菌會吸收原本繁殖所需的營養，結果造成宿主的身體不斷長大，壽命也延長的另一種「病態」。在理察多金斯所寫的《延長的表現型》（日高敏隆等譯，紀伊國書店出版）一書中就曾經提到，被吸蟲寄生的蝸牛殼比沒被寄生的蝸牛殼還要厚，因此比較不易受到天敵的攻擊。但是多金斯主張，即使被寄生的蝸牛不容易受到天敵的侵襲，但是因相對的繁殖能力減弱，所以，對蝸牛而言，不被寄生反而還能繁殖較多的後代。

只要宿主一死，病原菌就會隨之失去棲身的所在，因此，一般來說，病原菌都不會做出一下子就讓宿主死亡的行為。至少會讓宿主一下子因被寄生而死亡的病原菌就不具適應性。因為，一般最具適應性的病菌侵蝕行為都是讓宿主求生不得，求死不能，在慢慢侵蝕宿主的同時，騎馬找馬尋求下一個感染機會。

文化並不一定會帶給接受文化者正面利益。在這裡，就援用病原菌的例子，也稱文化接受者為宿主好了。首先，所謂文化，並不是傳宗接代就代表所有的文化。比方說，假如有一種宗教鼓勵人們節育，這時候，如果這種宗教能用某種方法令人們信服，並因此增加信徒，則此宗教就能稱為是一種文化，這種文化就會流行。當然，文化不一定都是好的，也會有招致不幸的文化雖有害宿主的健康，卻依然盛行不衰的案例。香煙、麻藥就是典型的例子。

傳染病並不像一般人所想的會對身體造成傷害，相反的，文化也不一定就對人們有益。但感染的途徑大多相同，唯一不同的是病原菌的感染方法及對宿主的影響都記載在遺傳基因裡，但是文化在承傳或是資訊交換的時候，並沒有類似遺傳基因的實體存在。因此，文化可以說是一種沒有實體的病菌。

這裡要再重複的是，文化未必對宿主有益，因為文化只管流行與否，而不管對宿主的影響為何。比如說，有一個人想離開某一家公司，但是為了讓整體繼續運作下去，所以公司制定條款規定要離職就必需等到有人補缺，如此才能確保整個組織架構持續不斷運作。

對人類極有害處的麻藥或是讓人感染之後就會有生命危險的傳染病，只要讓一個個體在死前多傳染一個人，讓感染者在繁殖下一代前死亡，則麻藥或傳染病將永遠威脅人類。就像曾經流行一時的「幸運之信」，經常都用同樣的方法在世間引起騷動。

同樣的經濟學也是一樣的。自由經濟體制下，企業都以不倒閉為前提持續營運，但這並不一定正確。經營許多子公司，採取多角化經營的目的並不在於子公司即使累積鉅額的負債，依舊能夠不倒閉，重要的應該是就算是營運有了危機，最好也在不波及其他相關企業之前便宣布倒閉。如果資金還能週轉，則倒閉不是件壞事。因為這總比在東窗事發前從事不法的勾當極盡能事集聚資金，然後再另起爐灶好。

承傳文化跟遺傳完全是兩回事。有了孩子並不代表孩子就能繼承父母親的文化特質。比如說，藝術家如果沒有自己的後代，也照樣能夠讓旗下的弟子將自己的文化精髓發揚光大。換個角度來說，文化承繼的管道，比較類似於傳染病散播。

舉例來說，我們思考一下精於傳統技能的國寶級大師是否能將其技術流傳給後世？當然，有血緣關係的人比較能夠繼承技術，這一點無由分說。但是這些人之所以精於傳統技能並不一定就是先天上具有這方面的才能。也許毫無血緣關係的人反而更具有這方面的才能。不管有沒有血緣關係，只要有繼承人出現，傳統技藝就不會後繼無人。反過來說，就算是國寶級大師生養一大堆小孩，假如其中都沒有人有這方面的才華，再卓越的技能都還是會走向沒落一途。

●英雄是歷史的奴隸

我們可以從比較單純的自然淘汰理論說明生物如何進化。其中的道理，跟討論人類社會流行什麼的理論架構一樣。另外，因為人類也是遺傳基因主導生存方式的生物，所以在某種程度上，也可以運用進化生物學說。

但是不能將容易存活跟正確的生存方式混為一談。

成功在某種層次上意味著偉大。但是在成為偉人之前隨心所欲可以過自己想過的日子，一旦功成名就之後，相對的便喪失了自由，一舉手一投足都會受到矚目而不得不小心翼翼。雖然稍嫌冗長，但是下面要引出《戰爭與和平》（中村白葉譯，河出書房新社出版）的一段文章。這是說明拿破崙為什麼要出兵蘇俄，並受到種種波折的一段文字。

假如拿破崙不因撤兵到維斯拉河對岸的要求而動怒，並下令軍隊進攻，也許戰爭就不會發生了……

人類任誰都是為自己而活的。享有達成個人目的的自由，擁有存在的感覺，感受今後可以做跟不想做的事。但是不管當時是不是付諸實行，在某個瞬間的作為，都將無法挽回，為歷史所有。而在歷史上，那將只具有先天意義卻喪失自由。

每個人都過著兩面的生活——那是趣味越抽象就越自由的個人生活，和人類為自己制定法則之後，又心不甘情不願去實行，木訥而集體的生活。

人類在意識上雖然是為自己而活，但是為了達成歷史及全人類的目的，卻又無意識的扮演著道具的角色。作過一次的行為，將不再重複，而這些行為將在歷史中與他人無數的行為融合，促而冠上歷史的意義。人類在改定社會的立場上站得越高，結合越多人，就會握有相對於他人越多的權利，而此時行為的決定性與必然性，便會越趨明瞭。

「王者之心在神掌中」

國王是歷史的奴隸。

歷史，也就是人類的、無意識的、社會的、集團的生活，都在王者生活的每一刻，為自己，為一己之目的所利用。

在這裡所謂的王者應該就是拿破崙。所以，我們也可以稱他為英雄。

不管多麼偉大或是作任何事都會成功，都不是人生的真正目的。人生真正的目的應該在於活出自己想要的生活模式，盡量接近自己的理想。在成為偉人之前，不管作什麼，旁人都不會有微辭。但是一旦功成名就，事情就不會這麼單純了。舉個最切身的例子，就像是藝人或是參加甲子園棒球賽的球員，一旦受到媒體的注目，就會跟自己原來的理想漸行漸遠是一樣的道理。

社會生物學提到遺傳基因會朝著有效繁衍後代的方向進化，但是假如連自己的人生觀都要被納入淘汰的領域中，那麼人類不就真的變成了歷史的奴隸？

「死亡」是生物的宿命，但就算是壽命及老化的行程表決定我們傳宗接代多多益善的遺傳基因，也並不代表這就能決定我們的生死觀。生死觀的探求之旅才剛啟程，在死亡跟老化的必然性的基礎上，配合生物學的意義，每一個人都必需找出自己的生死觀。而這之後的部分，是生物學所無緣參與的。

●追求永恆是人類共通的思想

追求永恆的不只有遺傳基因，人類的精神，也在某種形式上追求永恆。諸如相信靈魂跟肉體各自獨立存在，即使人死後靈魂仍將永遠存在，同時會藉著輪迴轉世再生，或者是相信有另一個世界存在的想法，都是人類共通的思想。

也許不僅限於人類。美國的發達心理學者法蘭西斯跟媒體記者尤金林典曾經共同訓練一隻命名為COCO的猩猩，讓這隻猩猩具有相當於人類四、五歲程度的語言能力。他們合寫了一本書《COCO，說話吧！》（都守淳夫譯，動物社出版），在這本書中就提到，問COCO死後將到哪去的時候，COCO以極為悲傷的表情回答：「黑暗的地方」。這個回答也許是COCO在看了電視之後所受的誘導也不一定，不過，這個回答還是令人驚訝。眾所皆知，也有狒狒接受語言訓練的例子，相信假如狒狒也意識到「死亡」，同時曾經想過死亡的世界將不會是一件值得大驚小怪的事。

期望自己的血緣、職業或文化（諸如藝術的流派或學派等）後繼有人也許正是人類企求永恆的一種表現。山口昌男所著《文化人類學的邀請》（岩波新書）就曾經提到過下面的敘述。

在西太平洋托洛普力安多群島進行的一種名為"KURA"的交易形態中，當遠洋航海到達其他島上將財貨交給島民時，據說有逐一口述此財貨在跟其他島民交接時術語的習慣。透過交通維持彼此的人際關係是互酬性(reciprocity)常有的行為模式，這就像我們在過年過節時送禮一樣。只是也許托洛普力安多群島的島民為了加深彼此的感情，而讓自己的行為擔負了財貨交換永遠持續不斷的任務。

社會制度不問東西古今，似乎都在某種意味上以永恆為目標。就社會生物學的觀點而言，無法持久的制度終將遭到淘汰。我們雖然過著非常自由豁達的人生，但事實上，卻還是受到社會秩序的牽制，而無法做出一些身為社會人被認為缺乏常識的行為。比如說，某人犯罪之後，不僅罪犯本身將遭到社會唾棄，連他的家人或相關的人都會受到波及，不能倖免（似乎政治家賄賂不在此限）。這就具有抑制犯罪的效果。

曾經嘗過成功滋味的人通常不會毅然決然的破釜沈舟重新再來，大部分的人還是會在原地踏步。但是將追求永恆當作是自己的目的，也許將使得個人的意識遭到社會制度埋沒。

如果說宇宙終有結束的一天，就原理而言永恆便不可能存在。追求永恆的事物容易流行，其原理就跟自然淘汰說是同樣的。但是這卻受到我們自我完成的價值觀，以及對永遠的信仰的左右。所以最重要的不是輸贏，也不是流行，最該重視的是其中的內容。

社會生物學最大的問題不在於將生物生存的邏輯套用在人類身上，而在於不以自然淘汰去區分出「存活」或者是「流行」跟我們認為「好不好」之間的差別。

不管是壽命或是成熟年齡，人類的生活史設計決定某種程度的遺傳並不是好與不好的問題。但是假如認為這些因素是影響人類行動是非的主因，那就是一種錯誤。會形成這種錯誤，最主要的原因在於對自然淘汰說的誤解。大家對自然淘汰說似乎都很了解，但是卻又懵懵懂懂的不是很清楚，這就是造成誤解的原因。因為人類如何生存無法從生物學尋求解答，因此，最後要介紹的就是對自然淘汰的誤解。

●生物並非繁衍後代子孫的工具。

生物朝著有效率傳宗接代的方向不斷進化。但是，我們並不是因此而活在這個世界上。這一點，必須請大家牢記。自然淘汰是現象論，並不主張生物為傳宗接代，以進化為目的而活，重點不過是說明容易繁衍後代的生物，較易存活的法則。一言以蔽之，進化生物學所探討的是留下什麼的科學，而不是討論什麼才是好的，怎麼活才幸福的宗教。

因此，常有人說人類以外的生物為繁殖後代而活，而人類則具有獨立的生存目的，事實上，這是錯誤的。進化生物學只不過是假定人類以外的生物都是以傳宗接代為生存目的，從而讓人清楚了解到生物的生存模式，但是生物活著到底有什麼目的，則是人類所無從知道的。也許生物本身也不知道吧！

同樣的，認為自然淘汰說不適用於人類也是一種錯誤的觀念。正如社會生物學者所言，人類的生存之道跟自然淘汰不可能完全分割。只是自然淘汰無法顧及到人類的幸福，因此，必須找出討論人類幸福的學科罷了！

目前，不易繁殖的生物亦日日生活在這個世界上。因此，不只是人類，就連生物都不只是為傳宗接代而活在這個世界上。相反的，人類懷著什麼樣的目的生活，才是無關生物學的問題。只是，以同樣目的生活的人今後會不會增加，這些人的行為將對社會造成什麼樣的影響，可以用科學方式去討論。我想，人類察覺進化生物學主張有效傳宗接代的生存方式跟我們所企盼的生活方式之間有鴻溝，才是人類固有的問題。我們恐懼「死亡」，因高齡化社會而陷入矛盾的糾葛之中，追根究底都是源自於此。

因此，人類有必要正視自己終將死亡的命運，從而大膽的討論死亡。如果將死亡視為異象，則在真實的層面上，對我們的人生並無助益。

我們祈願和平。真正尊貴的生命不在於殺人或被殺；或是成為富人或罪犯，最重要的是我們希望擁有一個可以安穩生活的平靜社會。因此，必須重新審視一己之生命意義，將熱情投注在耗費生命亦在所不惜的工作上。這是生命誕生以來，任何生物都不曾有過的，只有高齡化社會到來的今日才得以享有。

生命價值不受制於自然淘汰。每一個人都有獨立的意識。至少，每個人都有自覺自我生

人類想自束縛自己的ＤＮＡ解脫，又想乘著文化之名的羽翼飛翔，兩者若要兼顧，則見棄於ＤＮＡ的老後，無疑是創造文化最適當的時機。

存目的的自由，而這並不只限於傳宗接代。也許，也沒有人終其一生真的只為繁衍子孫而活吧！一部分的生物學者主張應該重視種族維持的本能，但是，傳宗接代對人類而言，不過是眾多生存目的之一罷了！

人類在什麼樣的基準上選擇生死？假如生死不是由有效繁衍子孫的自然淘汰所決定，那又是取決於什麼？我想，這是各人應該各自去思考的人生課題。

生命有限，我們身為萬物之靈，壽命越是無止境的延長，身體就越會老化，也就是必須面對見棄於遺傳基因的狀況。而你，有決定自己生命型態的自由。

後記

像我這樣還沒頓悟的人來談死亡實在是件辛苦的事。雖然振振有辭說什麼死亡就學問的立場上來談如何又如何，但是就我個人而言，也總還是有些地方無法全然信服，所以拿著筆寫著寫著，就總是變得虎頭蛇尾。

所幸，品川嘉也先生對我的評價頗高，不棄嫌在我狹隘眼界所不及的寬闊的見解中納入我的淺見，而讓這本著作付梓。

死亡是生命的宿命，而生跟死經常是比鄰而居的。就生物學的角度而言，生物的生命設計並不是盡其所能保護自己，而是為了繁衍子孫，即使耗費生命亦在所不惜。我們人類在不知其他生物死活的情況下生活，同時得以壽終正寢的比例也逐漸增加。老人，就生物學而言，可以說是複製遺傳基因之後的殘骸。

簡言之，這就是這本書中我所要提的問題所在。現在我們所面臨的高齡化社會，較之其他生物的社會，到底有什麼特殊之處？如果各位在讀了本書之後能夠進一步思考這個問題，將是筆者最大的收穫。

本書不是生物學的專門用書。所介紹的內容中，包含著目前尚爭議不絕的假設。其中，也許一些因個人才疏學淺所引發的錯誤，但是，筆者確信結論都正確，而所依據的學說及資料，也都盡量的做了簡單明瞭的敘述。論理正確，則學問不會躓礙不前，筆者衷心期待各方讀者的批評指教。

本書寫作之時，承蒙前輩學者多方指導與鼓勵，尤其是巖佐庸、粕谷英一、西山賢一等諸位前輩，在此謹致謝意。另外，水產研究所的各位前輩授與諸多有關魚類的知識，內人滋子亦就植物的相關知識給予我極大的幫助。感謝"KAPPA SCIENCE"編輯部數次為我校正稿件，而且筆者之岳父亦曾透過"KAPPA SCIENCE"出版《糞便的健康診斷》（日野真雄著）一書，父子兩代都受到照顧，感激之情，筆墨難言。也許，這也是「死亡」這個主題所牽繫的緣分吧！

一九九一年十一月

松田裕之

生死學叢書書目

揮別癌症的夢魘

羽生富士夫／著
何月華／譯

癌症是現代人健康的頭號殺手，您對癌症認識多少？癌症等於絕症嗎？不幸罹患癌症的話，要如何面對死神的挑戰？具有「上帝之手」美譽的日本名醫，以他個人的切身經驗，懇切地告訴大家，以知識對抗癌症的重要，以及許多與癌症有關的預防、醫療等方面正確的觀念，是重視保健與生命品質的現代人必看的著作。

無生死之道

盛永宗興／著
郭敏俊／譯

面對人生的生老病死，您作何感想？對於世間一切的生生死死、死死生生，感到迷惑不解嗎？請聽日本著名禪師盛永宗興娓娓道來，以生活化、深入淺出的例子，帶領我們參透生與死的迷霧，體會「一期一會」、「遊戲三昧」的生命哲學，活在每一刻當下，生死將不再是人生痛苦的代名詞。

凝視死亡之心

岸本英夫／著
闞正宗／譯

本書是日本已故宗教學者岸本英夫與癌症搏鬥十年的心路歷程。當獲知罹癌，並被宣判只剩半年壽命後，他除了接受必要的手術治療外，也開始思索生命的本質，並陸續寫下手術前後，他在死亡威脅下的心理調適和哲理思考，他也因此將肉體生命從半年延長為十年。這其中艱苦的奮鬥歷程，句句珠璣，斑斑血淚，值得品味。

美國人與自殺

赫華德・庫盧諾／著
孟汶靜／譯

本書從心理、文化的角度探討美國人的自殺行為，並以十分具有啟發性的方式，陳述出過去三百年來西方社會對自殺行為的探索過程。作者成功地綜合了西方各學派分歧的自殺行為理論，而發展出一套嶄新且具有說服力的論點，在心理與歷史學界贏得極高的評價，對研究早期華人移民的自殺行為亦有助益。

宗教的死亡藝術

肯內斯・克拉瑪／著
方蕙玲／譯

本書以比較性、宗教性的方法，探討世界主要民族與宗教關於死亡、死亡的過程以及來生等等課題所採取的態度與做法。讀者將可發現，書中所列舉的每一項宗教傳統，都在指導它的實行者，不僅在死亡前，同時就在死亡的片刻裡，就能技巧地掌握死亡。死亡可說是一門牽涉到肉體死亡與再生經驗的宗教性藝術。

禪僧與癌共生

鈴木出版編輯部／編
徐明達
黃國清／譯

一位因罹患癌症而被宣告只剩三年生命的禪僧，如何活在癌症的病魔下，如何掌握人世間的生死，將餘生投注在什麼地方？本書即是與已故荒金天倫老和尚（日本臨濟宗方廣寺第九代管長）交往過的人，藉他們的證言撰集而成的報導文學，將老和尚以三年餘生充實為精神上三十年的生命風采，再度活現於紙上。

死亡的科學

品川嘉也／著
松田裕之
長安靜美／譯

人為何一定得經歷死亡？老年是否真的是人生的累贅？「腦死」就意味著「死亡」嗎？……這些疑問，在本書中都有詳盡的討論與解答。作者從生物學的角度出發，探討與生物壽命有關的種種議題，進而提出人類面對生死問題時應有的認識與態度，是一本將死亡學提昇到科學研究的難得之作。

死亡的真諦

小松正衛／著
王麗香／譯

當被問到：「如果人生可以重來一次，你希望擁有怎樣的人生？」多數的回答可能是出身好家庭，擁有高學歷，事業穩固，平安幸福過一生。但本書作者卻說：「世間非常艱苦，人生難行，但一路行來的人生，我還想再走一次。」是什麼樣的經歷與啟示，讓他如此達觀？請隨著作者一路前行，游入古聖先知的智慧大海……。

輪迴與轉生

石上玄一郎／著
吳村山／譯

「生死事大」，為了探究它，各種哲學與宗教已提出了許多答案，「輪迴轉生」便是其中之一。這種思想出人意料地貫通東西方，幾乎發生於同一時代。它的起源如何？呈現出那些面貌？果真能解決「生死」問題嗎？這些在本書中都有廣泛而深入的探討。

生與死的雙重變奏

齊格蒙．包曼／著
陳正國／譯

對必朽（死亡）的認知與對不朽的追求，深深影響著人類的生命策略。人類社會建制與文化面向的型塑過程中，更存在著「解構」必朽與不朽的辯證和互動關係。而在「現代」和「後現代」社會，這種「解構」又出現了有別於「前現代」的許多變奏。且看包曼教授如何透過集體潛意識的心理分析，從不同角度詮釋「死亡社會學」。在朽與不朽之間，您將重新認識現代人的社會與文化。

透視死亡

大衛．韓汀／著
孟汶靜／譯

本書所探討的論點，主要有下列幾點：一、在什麼樣的情況下，個體才算死亡？二、末期病人有沒有權利決定自己的生與死？三、器官捐贈能不能得到社會大眾的認同，進而成為一件普遍的事？作者以平鋪直敘的方法，為每一個論點作了總整理，提供讀者許多寶貴的資料與觀念，在臨終與死亡尊嚴等議題的探討上，能有進一步的認識。

看待死亡的心與佛教

田代俊孝／編
郭敏俊／譯

本書由八篇演講記錄構成，內容包括親人死亡的感受、個人的瀕死體驗、對死亡的心理準備、佛教的生死觀等，發表者有僧侶、主婦、文學家、醫師、佛教學者等不同人士，從各個角度探討死亡問題。正如主辦演講的日本「置死探生研討會」宗旨所示，如何在老、病、死的人生當中，正視死亡的事實，學習超越死亡的智慧，讓人生更加充實，是現代人的切身課題，值得大家一同來探討。

生命的終結

阿爾芬思·德根
早川一光
寺本松野
季羽倭文子／著
林雪婷／譯

在面對末期病患或臨終的人，甚至是自己生命的終結時，我們能做些什麼？該做些什麼？便是本書所要探討的主題。四位作者分別從死亡準備教育、醫療與宗教、臨終看護等專業的角度，提供他們寶貴的經驗與意見，是關心此一議題的讀者最佳的參考。透過討論死亡，了解死亡，我們的生命必能更加美好。

從容自在老與死

日野原重明
早川一光
信樂峻磨
梯實圓／著
長安靜美／譯

隨著高齡化社會逐漸到來，種種老年心理與生活的調適、老年疾病的醫療、安寧照護等等問題，一一浮上檯面，這也是每個家庭和個人都要面對的問題。本書從接受老與死、佛教的老死觀、老年與疾病、末期照護等等角度，提出許多觀念與作法。藉由思考生命末期與老和死的種種課題，期望每一個人都能獲得一種從容自在的智慧與人生。